AF311637

LECTURES

MORALES ET INSTRUCTIVES

DU PETIT COLON ALGÉRIEN

VERSAILLES. — IMPRIMERIE CERF, RUE DU PLESSIS, 59.

LECTURES

MORALES ET INSTRUCTIVES

DU PETIT

COLON ALGÉRIEN

PAR

E. WATBLED

SOUS-CHEF DE BUREAU A LA PRÉFECTURE D'ORAN, MEMBRE DE LA SOCIÉTÉ
HISTORIQUE ALGÉRIENNE, DE LA SOCIÉTÉ ARCHÉOLOGIQUE DE CONSTANTINE
DE LA SOCIÉTÉ D'AGRICULTURE, BELLES-LETTRES ET ARTS D'ORLÉANS
(LOIRET), ET DE L'INSTITUT ÉGYPTIEN (ALEXANDRIE).

» Ce livre d'école doit être varié : soins et conduite,
mœurs et travail, bestiaux et cultures, tout doit s'y trouver, en trois feuilles, en caractère lisible. Le style sera
simple et naïf, clair et serré, ou plutôt gravé à la manière
du lapidaire. Il faut qu'il s'imprime dans la cervelle de
l'enfant comme le cachet sur la cire molle. »

J. BUJAULT.

PARIS

CHALLAMEL AINÉ, ÉDITEUR

LIBRAIRE-COMMISSIONNAIRE POUR L'ALGÉRIE ET LES COLONIES

30, RUE DES BOULANGERS

CHEZ TOUS LES LIBRAIRES DE L'ALGÉRIE

1864

1863

A MONSIEUR

LE GÉNÉRAL DE DIVISION DESVAUX

COMMANDANT LA PROVINCE DE CONSTANTINE

MON GÉNÉRAL,

Permettez-moi d'inscrire votre nom en tête de cet humble petit livre, quelqu'indigne qu'il soit de l'officier-général qui, dans sa brillante carrière en Algérie, aura su faire à la colonisation une part égale à la conquête.

Et daignez agréer cette dédicace comme un simple hommage à votre profonde expérience des choses de ce pays, et aussi comme un témoignage de ma gratitude pour la bienveillance dont vous voulez bien m'honorer.

ERNEST WATBLED.

Mascara, 10 août 1863.

EXTRAIT

D'une dépêche adressée a M. le Préfet d'Oran
par Son Excellence le Maréchal Duc de MALAKOFF
gouverneur-général de l'Algérie.

Alger, le 16 septembre 1862.

MONSIEUR LE PRÉFET,

. . . .
. . . .

Ce manuscrit, que j'ai parcouru avec intérêt, et dont je me suis fait rendre un compte détaillé, est conçu avec intelligence ; la partie compilée est bien choisie, la partie originale rédigée dans un excellent esprit et dans un bon style. Ce sera un petit livre de bons conseils et d'utiles enseignements, bien propres à inculquer aux enfants des idées saines et des sentiments honnêtes.

. . . .
. . . .

LE GOUVERNEUR GÉNÉRAL,

Signé : MARÉCHAL PÉLISSIER, DUC DE MALAKOFF.

Pour extrait conforme :

LE SECRÉTAIRE-GÉNÉRAL DE LA PRÉFECTURE D'ORAN,

BARON DE MONTIGNY.

LECTURES

MORALES ET INSTRUCTIVES

DU PETIT COLON ALGÉRIEN

DE L'IMPORTANCE DE L'AGRICULTURE

CHEZ TOUS LES PEUPLES

ET DES HONNEURS, DES ENCOURAGEMENTS QUI LUI SONT ACCORDÉS.

L'agriculture, cette mère-nourricière du monde entier, a été de tout temps considérée comme la première condition d'existence et de prospérité des nations. Aussi a-t-elle toujours été en grand honneur, dès l'antiquité la plus reculée.

L'agriculture fut l'état de nos premiers pères, de ces patriarches dont la Bible nous a raconté les mœurs pastorales, les vertus et les années centenaires, prolongées par la vie pure et simple des champs.

Chez les peuples anciens, principalement chez les Égyptiens et les Perses, les fêtes de l'agriculture étaient célébrées avec une pompe extraordinaire. Chez les Grecs, des temples somptueux étaient élevés à Cérès, déesse des blés et des moissons, qui

> La première apporta dans le monde
> Des blés aux gerbes d'or, la semence féconde.

Cette divinité était représentée avec une couronne de blonds épis sur la tête, et tenant une faucille à la main.

A Rome, les plus illustres citoyens de la république ne dédaignaient pas, en quittant les premières charges de l'État, de se livrer aux travaux des champs; et l'histoire a conservé le nom de Cincinnatus, célèbre général romain, que les envoyés du sénat, qui venaient lui remettre le commandement de l'armée, trouvèrent labourant lui-même l'héritage de ses pères.

Dans le plus grand empire de l'Asie, en Chine, des fêtes pompeuses sont instituées pour honorer l'agriculture. Chaque année, au milieu de janvier, l'empereur de Chine, escorté par toute sa cour, entouré d'un peuple immense, ne dédaigne pas de tracer lui-même le premier sillon de la saison des labours. Après l'empereur, les princes du sang et les plus illustres personnages mettent également la main à la charrue ; et, dans chaque province, les gouverneurs procèdent à la même cérémonie, qui a pour but de placer l'agriculture au premier rang des arts utiles.

Faut-il enfin citer un dernier exemple emprunté à l'histoire même de la colonisation algérienne : celui de l'illustre vainqueur d'Isly. On sait quelle était sa devise :—*Ense et aratro.*—*Par l'Épée et la Charrue.* —

A la fin des grandes guerres de l'Empire, le maréchal Bugeaud s'était retiré dans sa propriété d'Excideuil ; et là, colon anticipé sur notre propre sol, en lutte avec une terre ingrate et infertile, il était parvenu, à force de travail, de patience et d'industrie, à la transformer en une ferme modèle, et avait été ainsi, pendant quinze ans, un des types les plus remarquables du soldat laboureur, de sorte qu'au lendemain de la révolution de juillet, l'occasion étant venue de ressaisir son épée, il put accepter et remplir si glorieusement la double mission de conquérant et de colonisateur de l'Algérie.

La tradition algérienne rapporte qu'un jour, se trouvant en présence d'un colon inexpérimenté, qui dirigeait maladroitement son attelage de labour, l'illustre maréchal, sans souci du brillant état-major qui l'entourait, saute de cheval, court à la charrue, et la main sûre du vainqueur d'Isly trace un double sillon, aussi net, aussi droit qu'eût pu le faire le praticien le plus exercé, vieilli dans les champs de la Beauce ou de la Brie.

En France, l'agriculture reçoit tous les ans, et sous diverses formes, de précieux encouragements, qui témoignent de plus en plus de l'intérêt que le Gouvernement prend à son développement et à ses progrès.

Si le dévouement et le courage sur les champs de bataille illustrent une nation, et jettent un glorieux éclat sur ses armes, si les travaux de l'intelligence, les progrès dans les arts, les sciences et les lettres témoignent de la civilisation avancée d'un peuple « la prospérité ou la décadence d'un empire, comme l'a dit l'Empereur, date de l'amélioration ou du déclin de l'agriculture. »

Aussi, nous est-il permis d'admirer quelle vigoureuse impulsion est donnée par le Gouvernement à toutes les institutions, aux encouragements, aux entreprises, aux améliorations qui peuvent accroître les éléments de notre richesse territoriale.

Ainsi, l'Administration seconde de tout son appui les comices dans lesquels les agriculteurs mettent en commun les résultats de leur expérience, de leur savoir pratique et théorique, leur résolution d'efforts nouveaux pour diriger l'agriculture dans une voie où ses intérêts trouvent sécurité et succès.

Elle multiplie les concours régionaux qui portent

l'émulation et le progrès dans les plus petites localités de l'Empire.

Puis viennent les concours généraux qui permettent de rassembler les plus remarquables productions agricoles, les machines les plus ingénieuses, les plus perfectionnées, les instruments aratoires les plus utiles. — C'est l'exposition de l'agriculture, dans tout l'éclat de ses progrès, dans toute la magnificence de ses produits et de la richesse qu'elle donne au pays.

Le Gouvernement consacre encore l'emploi de sommes considérables à l'application des moyens de fertilisation et d'assainissement des terres, à augmenter la richesse du sol, à rendre à l'agriculture des terres improductives, ouvrir des voies de communication, dessécher des marais, multiplier les irrigations, défendre le sol contre les inondations ; — Enfin, il encourage et facilite tous les travaux qui doivent augmenter la valeur des terres, cette mine inépuisable et toujours généreuse de la fortune publique.

Le chef de l'État n'a pas borné aux encouragements de son gouvernement l'appui qu'il donne à l'agriculture ; il y ajoute son propre exemple par la création de nombreuses fermes modèles sur divers points de la France.

Sully, le ministre du bon roi Henri IV, a glorifié

l'agriculture en disant que la *France était une forte femme dont les deux mamelles, l'agriculture et l'industrie, devaient nourrir tous ses enfants.*

C'est un grand mot que Napoléon III a bien compris, en honorant par tous ses actes la noble et laborieuse carrière du laboureur. Et comme l'Empereur ne se borne pas à des paroles et à des promesses, il a fondé ces fermes modèles qu'il dirige lui-même, et dont les produits lui ont valu, l'année dernière, une médaille d'or, à l'exposition agricole. Il a même souvent choisi des terres peu fertiles pour y prouver, par des cultures habilement conduites, que, sur aucun point de la terre, Dieu ne laisse jamais sans récompense le travail patient, laborieux et intelligent.

————

La richesse d'un pays dépend de la prospérité de l'agriculture.

L'agriculture est le premier élément de vie d'un pays, parce qu'elle repose sur des intérêts immuables, et qu'elle forme la population saine, vigoureuse et morale des campagnes.

L'agriculture est un des premiers éléments de solidité et de durée des gouvernements et de leurs institutions.

(*OEuvres de* NAPOLÉON III.)

UN COLON ALGÉRIEN

Il y avait à Alger, vers 1844, un pauvre Béarnais du nom de Bidar. Marié et déjà père de famille, il était venu en Afrique, sans un sou vaillant. Petit de taille et de chétive apparence, sachant à peine quelques mots de français, on ne l'avait cru capable que de servir d'aide aux maçons. Son misérable salaire ne pouvait suffire à la nourriture de sa famille; aussi était-il plongé dans le plus triste dénûment. Voulant à tout prix changer de destinée, il sollicite une concession de terre, annonçant l'intention de la cultiver et déclarant que dans son pays il s'est occupé d'agriculture. On lui fait observer que son projet est insensé, qu'il n'a aucune ressource, qu'il ne pourra ni bâtir, ni se procurer des outils, ni acheter des semailles. Bidar ne se rebute pas; il demande la permission d'aller se placer avec les siens, au beau milieu de la plaine du Hammam, alors en friche, couverte de palmiers nains et de broussailles, vierge de toute culture européenne. Il insiste tant pour obtenir cette faveur, qu'on la lui accorde.

Bidar n'hésite point, il bâtit, tant bien que mal, une cabane en planches, il arrache des broussailles et il en fait du charbon. Ce charbon, il l'allait vendre, le portant sur son dos, à treize kilomètre de distance. Il fit tant et si bien cet humble négoce, qu'il put acheter un âne. Il voyait luire des jours meilleurs, quand le sort qui se rit des mortels, lui joua un double tour : la même nuit, la panthère dévora son âne, et sa femme lui donna trois jumeaux.

Bidar eût dû être accablé, ce nous semble ! Point du tout. A partir de cette époque, sa fortune se releva. Son labeur persévérant, ses malheurs avaient fait du bruit ; quelques dons charitables d'outils et de bestiaux vinrent en aide au Béarnais. Il put travailler, et il prospéra.

Aujourd'hui, Bidar est à la tête d'une belle ferme. Vingt-cinq hectares défrichés sont en plein rapport. Il possède des vaches, un troupeau de moutons et de porcs. Il a fait venir de France ses deux frères. Il a pris en outre deux domestiques. Toute cette famille agricole vit largement sur le domaine du colon algérien. Bidar, devenu propriétaire, jouit déjà d'une belle aisance ; il sera riche un jour, si Dieu lui prête vie.

Nous le demandons : — quelle fortune aura été

plus noblement gagnée? quel homme a le droit de se dire avec un plus légitime orgueil: — Je suis le propre artisan de ma fortune; — qui d'entre nous a mieux mérité l'estime de ses concitoyens et l'amour de sa famille? Que l'on se figure en effet ce qu'il a fallu de courage, de résignation, pour accomplir l'œuvre de Bidar, et l'on verra que ce pauvre montagnard Béarnais est le type le plus vrai du courageux pionnier de la colonisation algérienne. Son histoire témoigne aussi de ce que peut produire une mâle énergie, jointe à un travail persévérant, sur le sol fécond de l'Afrique française.

Celui qui a la volonté a le pouvoir.

Il n'y a point de profit sans peine. Pour gagner il faut travailler.

Le courage fait l'ouvrage.

Tant vaut l'homme tant vaut la terre.

L'argent ne vient pas dans le gousset en se croisant les deux bras.

Qui part de bon matin fait du chemin.

La vie entière n'est qu'un travail, et richesse vient de petits détails.

Qui dissipe le temps dissipe la vie; car c'est de temps que la vie est faite.

Le temps vient, passe et ne revient plus: temps perdu c'est argent de moins.

La misère regarde à la porte du travailleur et n'entre pas. Mais elle entre chez le fainéant, s'assied à son foyer, et les voilà qui se peignent comme chats qui se battent.

Le travail paie les dettes, la fainéantise les fait.

La bonne fileuse ne manque point de chemises, ni le bon travailleur de pain.

(J. BUJAULT.)

NOTICE SUR L'ALGÉRIE

SES LIMITES, SES DIVISIONS

L'Algérie, est bornée :

Au nord, par la Méditerranée ;

Au sud, par le désert ;

A l'est, par la régence de Tunis ;

A l'ouest, par l'empire du Maroc.

Elle présente une superficie à peu près égale aux deux tiers de la France, environ 390,000 kilomètres carrés, soit 39,000,000 d'hectares. Son développement sur la mer est de 1,000 kilomètres; sa distance moyenne des côtes de France est de 804 kilomètres.

Au point de vue physique, l'Algérie se partage en deux zones, s'étendant parallèlement à la Méditerranée : l'une au midi, le Sahara ; l'autre au nord, le Tell.

Le Sahara, cultivable sur une grande partie de

son étendue, se compose de landes et d'oasis. La richesse de cette contrée, habitée par des pasteurs, consiste en bestiaux et en fruits. Son commerce se borne à échanger des tissus de laine et des dattes contre du blé et de la laine brute.

Le Tell, région des terres labourables, possède par lui-même tous les éléments de la vie complète. On y rencontre des sources, des ruisseaux et quelques rivières. Cultivable sur la presque totalité de son étendue, il peut nourrir d'immenses troupeaux, produire des fruits de toute espèce et des céréales en abondance. On y trouve de magnifiques forêts, et il ne le cède à aucune contrée pour la richesse de ses mines et de ses carrières.

Au point de vue politique, l'Algérie se divise en trois provinces : la province d'Alger au centre; celle d'Oran à l'ouest, et celle de Constantine, à l'est.

La superficie totale de chacune de ces trois provinces est de 113,000 kilomètres carrés pour la province d'Alger ; de 102,000 pour celle d'Oran ; et de 175,000 pour celle de Constantine.

SA POPULATION

Au 31 décembre 1861, la population indigène de l'Algérie était de 2,806,378 âmes, et sa population coloniale européenne de 192,746 ; cette dernière se classant ainsi par nationalités :

Français, 112,229.

Etrangers 80,517.

La population, tant européenne qu'indigène, présentait donc, au commencement de 1862, un total général de 2,999,124 âmes, soit, en chiffres ronds, trois millions d'habitants.

SA TEMPÉRATURE

La température de l'Algérie rappelle beaucoup celle de la Provence.

L'année, au lieu d'être partagée, comme en France, en quatre saisons distinctes, n'en présente que deux : l'une chaude et l'autre tempérée, qui, elle-même se partage en humide et sèche. On pourrait donc, à la rigueur, compter en Algérie trois saisons : l'été, l'hiver et le printemps.

L'été débute au mois de juillet et finit avec septembre. En octobre, commence la saison tempérée et humide, qui dure jusqu'à la fin de février. La saison tempérée sèche, ou le printemps, s'ouvre au mois de mars et dure jusqu'à la fin de juin.

L'aspect général du pays présente de hautes chaînes de montagnes, coupées par des ravins ou des plaines, dont plusieurs sont marécageuses. De ces chaînes partent des contre-forts généralement parallèles entre eux, et séparés par des vallées souvent arrosées de cours d'eau.

Il n'y a point de grand fleuve en Algérie. Pendant l'hiver, les cours d'eaux deviennent torrentueux, sortent de leur lit. C'est vers cette époque qu'on aperçoit la neige sur les points les plus élevés, alors qu'elle n'apparaît même pas dans les vallées.

Le climat de l'Algérie est sain.

L'inculture du sol et la présence des marais y sont les principales causes de maladies pour les Européens. Quelques mesures d'hygiène suffisent pour écarter tout danger.

CONSEILS HYGIÉNIQUES

Habitations. Les habitations doivent être bien aérées, tenues proprement et aussi loin que possible des marécages. Ouvertes le jour, elles doivent être fermées depuis le coucher du soleil jusqu'à son lever, parce que les miasmes sont surtout condensés près de la terre pendant la nuit.

Les colons qui habitent une baraque devront, si dans celle-ci existe un premier étage, le choisir de préférence au rez-de-chaussée pour s'y coucher. Ils feront bien d'élever le sol de ce rez-de-chaussée de quatre à cinq décimètres au-dessus du plan extérieur, et de le carreler ou l'enduire d'une couche de béton à la chaux.

Éloigner des habitations les eaux ménagères, les ordures, les fumiers et les latrines, est un soin qu'il ne faut pas négliger.

La plus grande propreté est nécessaire contre les insectes et la vermine dont, en Algérie, la chaleur développe la fécondité. Le badigeonnage avec du lait de chaux, au dedans et au dehors des habitations, a le double avantage de détruire ces insectes et d'affaiblir l'action de la chaleur solaire. Le badigeonnage devra avoir lieu au moins une fois chaque année, au mois d'avril.

Vêtements. Des vêtements légers, amples, de couleur claire, en laine ou en coton, sont nécessaires pendant la saison chaude.

Il ne faut jamais rester tête nue au soleil. Un chapeau de haute forme, en paille ou en feutre gris, à larges bords, sera la meilleure coiffure.

Une ceinture de flanelle est une précaution indispensable pour éviter les refroidissements de la sueur, dont la peau, celle du ventre particulièrement, est constamment baignée. C'est un des plus sûrs préservatifs de la diarrhée et de la dyssenterie.

Soins relatifs à la peau. Les ablutions quotidiennes du visage, des mains et des pieds, doivent être rigoureusement observées.

Le bain maure est une excellente chose. Son massage excitant nettoie parfaitement la peau.

Les bains de mer sont aussi favorables à la santé. Pour entrer dans l'eau, il faut attendre que la sueur ait disparu. On s'y jette sans hésitation, et on n'y séjourne pas plus d'un quart d'heure. Il faut se r'habiller à la première sensation pénible de froid.

Beaucoup de personnes sont sujettes, sous l'influence des chaleurs, à une éruption de petits boutons connue sous le nom de *gale bédouine*. On ne doit employer aucun moyen violent pour la faire disparaître. Ce qui en calme le mieux la démangeaison, c'est le passage d'un linge mouillé sur la partie du corps où elle est la plus vive. On a dit, avec quelque raison, que la gale bédouine est un brevet de santé.

Aliments. La viande, associée aux légumes, est, en Algérie comme en France, la base nécessaire de la nourriture. On évitera pendant l'été la viande de porc, d'une digestion lourde et défendue par les anciens législateurs, sans doute parce qu'elle a été reconnue malfaisante sous les climats chauds.

Les fruits d'Afrique sont généralement rafraîchissants et agréables. Il faut seulement les manger bien mûrs et en quantité modérée. Les excès de melons, de pastèques et d'oranges sont souvent causes de diarrhées.

L'eau rougie est la meilleure boisson. L'expérience a démontré que, dans l'intervalle des repas, lorsque la chaleur est accablante, la boisson la plus convenable, parce que, tout en désaltérant, elle soutient les forces et prévient l'abondance excessive de la sueur, c'est l'infusion de café à la manière des Arabes.

En résumé, il ne faut pas oublier qu'en Algérie, plus on boit et plus on sue; il faut apprendre à résister à la soif. On supporte alors beaucoup mieux la fatigue, et l'on s'épargne bien des maladies. Nos meilleurs marcheurs, dans l'armée d'Afrique, et nos hommes les plus valides, sont ceux qui boivent le moins.

Une eau, qui ne cuit qu'incomplétement les légumes et qui dissout mal le savon, n'est pas bonne à boire.

Travaux. — Dans la saison des chaleurs on peut commencer le travail journalier une heure après le lever du soleil pour éviter la rosée. Il faut l'interrompre au milieu du jour et prendre une heure ou deux de sommeil, autrement dit, faire la sieste. Ce moment de repos, donnant de nouvelles forces, rend le colon plus apte à supporter les fatigues du travail de l'après-midi.

Conseils généraux. — Nulle part, les prompts secours et l'emploi d'une bonne hygiène ne sont plus nécessaires ni plus efficaces que dans les pays chauds. En Algérie donc, plus encore qu'en Europe, les maladies demandent à être traitées dès leur début.

Les précautions hygiéniques les plus indispensables se résument ainsi :

1° Employer toute la saison des pluies aux travaux de défrichement et de remuement du sol en général.

2° Cesser les défrichements à l'apparition des chaleurs.

3° Éloigner des habitations tout ce qui pourrait y corrompre l'air.

4° Éviter, en été, de travailler pendant les heures les plus chaudes, et le soir se garantir du froid humide, des rosées et des brouillards.

5° Porter des vêtements de couleur claire; laine ou coton.

6° Ne point quitter la ceinture de flanelle.

7° Entretenir soigneusement la propreté de la peau.

8° Se nourrir d'aliments sains, éviter les liqueurs fortes, ne jamais boire beaucoup d'eau à la fois, la choisir de bonne qualité.

9° Ne travailler ni ne voyager la nuit, surtout dans les parties basses.

FERTILITÉ DU SOL ALGÉRIEN

Les cultures de l'Algérie sont aussi riches que variées. A côté des végétaux européens on voit prospérer les plantes tropicales, et, par une coïncidence heureuse, ces produits, qui ne sauraient faire concurrence à la métropole, peuvent et doivent, dans un avenir prochain, la dégager du tribut énorme qu'elle paie aujourd'hui à l'étranger.

Dès les premières pluies de novembre, les plaines et les coteaux se couvrent de prairies verdoyantes, formées des meilleures herbes fourragères. Ces prairies naturelles facilitent l'entretien de nombreux troupeaux.

Quant aux céréales, rappelons que l'antiquité surnomma l'Afrique le grenier de Rome. En 1855, l'Algérie vendit à la France seulement, pour 20,471,296 fr., après avoir, dans cette année et la précédente, fourni à l'armée d'Orient, plus de 30,000,000 de kilog. de blé, farine, orge et biscuit.

Mais l'heureux climat de l'Algérie lui assure bien d'autres richesses, et sa prospérité tiendra moins un jour à la culture des céréales qu'à celle des plantes industrielles que l'Europe va chercher aujourd'hui au bout du monde, et qu'elle viendra plus tard lui demander.

Le tabac, le coton, le nopal à cochenilles, la garance, réussissent en Algérie d'une manière admirable.

Le sol y est couvert d'oliviers, de mûriers, d'orangers, de citronniers, de grenadiers, de figuiers, d'amandiers, etc. La vigne y acquiert une puissance extraordinaire.

Tous les légumes viennent parfaitement : pois, haricots, pommes de terre, patates, fèves, etc., etc. Dès la fin de décembre, on a des champs couverts de petits pois, comme en mai dans les jardins-maraîchers de la mère-patrie.

Les richesses forestières ne sont pas moins remarquables. Les forêts s'y étendent sur un million environ d'hectares. Outre les essences connues de la métropole, on y rencontre des forêts entières de cèdres, de chênes-liége et d'oliviers.

En résumé, l'antique réputation de fécondité du sol africain est bien méritée. Mais ceux-là, évidemment se trompent, qui croient qu'en Algérie, grâce au soleil, au climat, à la fertilité du terroir, le laboureur n'a rien à faire. C'est une erreur! Ici, plus que partout ailleurs, les facultés spéciales du vrai cultivateur sont indispensables. Nous avons vu échouer sur les meilleurs terrains les colons improvisés sans les connaissances pratiques, ni la volonté persévérante, ni le travail assidu qu'exige la vie agricole. Sur un sol en friche et stérilisé par les siècles, nous avons vu au contraire prospérer de rudes et laborieux campagnards; ceux-là, sobres, patients, intelligents et actifs, sont toujours sûrs, dans un duel avec la terre la plus rebelle, de remporter la victoire !

La terre rend comme on lui donne.
Tant vaut l'homme, tant vaut la terre.

(J. BUJAULT.)

DE QUELQUES TRAVAUX AGRICOLES

SEMENCES — ASSOLEMENTS

Les graines sont à la plante ce que l'œuf est à l'oiseau ou à l'insecte qu'on en voit sortir ; chaque œuf a un germe contenant les linéaments d'un petit animal, comme chaque graine a un germe d'où sortira la plante. Aucun végétal n'est produit sans une graine à laquelle il doit sa première existence. La science compte déjà plus de 90,000 espèces de plantes différentes, procédant chacune d'un germe qui lui est propre. Tous ces germes peuvent braver la rigueur des éléments, souvent la longueur des années, sans rien perdre de leur vertu germinative.

En effet, en Asie, en Espagne, on a trouvé renfermés dans des greniers souterrains, du blé et du millet qui avaient plus de cent ans d'existence ; en Italie, une immense provision de fèves qui avaient trois cents ans ; en Afrique, des blés qui étaient enfouis depuis plusieurs siècles dans des silos et dont les germes ont retrouvé la vie ; en France, près de Bergerac, on a découvert dans des tombeaux celtiques, ayant deux mille ans d'existence, quelques pincées de graines que la superstition des prêtres druides y avait déposées dans un trou enduit de ciment. Ces graines, recueillies et semées avec soin, ont promptement germé, et l'on en a vu sortir, après vingt siècles de sépulture, l'héliotrope, le trèfle et le bluet, dont vous avez pu, comme nous, admirer la vigueur et la beauté.

On peut donc conserver, durant des siècles, **dans** toute leur pureté, les blés déposés dans des fosses sèches et sans air.

Les scrupules du cultivateur, qui craint de semer une graine de deux ans bien conservée, tomberont sans doute devant ces faits.

On doit néanmoins, autant que possible, choisir la semence de l'année et l'élite du grain. On comprend facilement que plus le grain est gros et bien nourri, plus le germe qu'il produit est fort et vigoureux. Rien n'est donc plus important qu'une bonne semence. Mais ce n'est pas encore tout ! Il s'agit d'en tirer bon parti, et pour cela, il convient de savoir s'en servir. Avec les petits des végétaux, c'est comme avec les petits des bêtes : Voici une jeune génisse qui

promet de devenir une belle vache ; voici un poulain
qui promet de devenir un beau cheval : mais sup-
posez qu'un cultivateur ignorant ou négligent les
achète, les loge mal, les nourrisse mal ; ils ne
tiendront pas à la fin ce qu'ils promettaient au commencement. Or, on peut en dire autant des graines ;
quand même elles seraient de race excellente, elles
peuvent fort bien aussi ne pas tenir leurs promesses.

Pourtant, dira-t-on, dans une terre bien labourée et bien fumée, ce ne serait pas facile à comprendre.

Oh! que si! répondrais-je! Les meilleures auber-
ges ont leurs mauvais moments, les jours maigres,
les jours où les fourneaux chôment et ne sont pas
allumés. Or, la terre a ses mauvais moments aussi :
tantôt, il s'y trouve de fortes provisions pour les
besoins de certaines plantes et très-peu de chose
pour les besoins de certaines autres plantes ; tantôt,
les vivres sont au-dessus, et le dessous est à peu près
vide ; tantôt enfin, cette auberge des végétaux, tout
en étant bien approvisionnée, peut être fort mal-
propre. Il faut alors remédier à ces divers incon-
vénients avant de confier les graines au sol, et se
dire :

Il est prudent de pas ramener coup sur coup à la
même place des plantes de la même sorte, parce

qu'il est à craindre qu'outre l'engrais, donné par l'homme, la première récolte ait consommé celui du sol qui lui était absolument nécessaire. Où l'une a bien vécu, l'autre ne saurait vivre de la même manière.

Il faut se dire encore :

Il y a des récoltes qui permettent aux mauvaises herbes de pousser et d'étouffer les bonnes semences. Donc, il est utile de faire suivre ces récoltes de plantes qui exigent des sarclages. Il y a des végétaux qui demandent presque tous leurs sucs nourriciers à la surface du sol ; d'autres au contraire, ceux surtout à racines pivotantes, vont chercher leur nourriture dans les profondeurs de la terre. Par suite, il convient de les faire succéder les uns aux autres. Voilà les principes, mais ce n'est pas tout ; il faut se dire encore :

Parmi les récoltes que nous pouvons faire, il en est qui réussissent bien et d'autres moins bien : il s'en trouve que nous pouvons vendre à de bonnes conditions et aisément, tandis que la vente des autres est plus difficile et plus chanceuse ; il s'en trouve qui rapportent beaucoup d'argent et ne rendent guère de fumier, tandis que d'autres rapportent peu d'argent et beaucoup de fumier.

Bref, il y a du choix, et dans ce choix, le mieux est de se conformer à cette règle générale. — *Don-*

ner autant que possible la préférence aux plantes qui conviennent le mieux au sol, qui sont de plus grand rapport et qui nuisent le moins à celles qui leur succéderont.

Cette façon de choisir et d'arranger les cultures, s'appelle *organiser un assolement,* c'est-à-dire classer les terres d'une exploitation en plusieurs parties, destinées à être ensemencées tour à tour de plantes différentes, de telle sorte que les mêmes récoltes ne reviennent sur les mêmes terres qu'au bout d'un certain nombre d'années.

Les règles sur lesquelles on peut se baser pour déterminer l'ordre de succession des récoltes, peuvent se résumer ainsi :

1° Intercaler les récoltes épuisantes avec les récoltes améliorantes, et surtout ne jamais cultiver deux céréales de suite (1).

2° Remplacer une récolte salissante, c'est-à-dire qui favorise la production des mauvaises herbes, par une plante qui ombrage fortement le sol, ou qui nécessite des binages et des sarclages.

---

(1) L'assolement alterne paraît être celui qui est le mieux approprié à la majeure partie des situations en Algérie. Il consiste à faire succéder une culture sarclée, et autant que possible fumée, à une céréale, ou à placer soit une céréale entre deux cultures sarclées, soit une culture sarclée entre deux céréales. On aurait donc à alterner : blé, orge, avoine, maïs, etc., avec plantes légumineuses alimentaires ou garance, coton et même tabac.

3º Appliquer de préférence le fumier aux récoltes sarclées, parce qu'il contient toujours les graines de mauvaises herbes que les binages et les sarclages détruisent.

4º Combiner les différentes cultures de manière que le laboureur ait le temps, après l'enlèvement de chaque récolte, de faire les travaux préparatoires pour la suivante, et que la terre reste le moins possible dans l'inaction; car, un agronome distingué l'a dit :

« *La terre n'est jamais fatiguée comme un homme qui a fini sa journée.* » Ce qu'elle exige, n'est pas de l'inaction, c'est du changement.

DES ENGRAIS

Les *engrais* sont des matières qui, mélangées avec la terre, la fertilisent, en servant de nourriture aux plantes. Il ne faut pas les confondre avec les *amendements* qui n'agissent que sur le sol même, et l'améliorent d'une autre façon ; par exemple, en le divisant lorsqu'il est très-compact, ou en lui donnant plus de consistance, lorsqu'il est trop léger.

Les engrais sont indispensables à la culture, parce que chaque récolte enlève à la terre une partie de ses sucs nourriciers ; si on ne les lui rendait pas au moyen des engrais, sa fécondité serait bientôt épuisée.

On divise les engrais proprement dits, en *engrais végétaux, engrais animaux*, et *engrais mixtes*.

On appelle *engrais végétaux*, ceux qui se composent de plantes ou de débris de plantes. On donne plus particulièrement le nom d'*engrais verts* aux plantes cultivées pour être enfouies,

Les engrais végétaux sont très-utiles sous plusieurs rapports. Leur principal mérite est qu'on peut, avec leur aide, engraisser des terres éloignées ou enclavées, sur lesquelles il est souvent presqu'impossible de charrier du fumier. Un autre avantage de ces engrais, c'est qu'ils donnent de la fraîcheur à la terre ; un troisième, c'est qu'une terre engraissée par ce système, ne produit presque point de mauvaises herbes.

On appelle *engrais animaux*, ceux qui se composent des excréments des animaux sans addition d'aucune matière étrangère, et des débris ou résidus de leurs corps, tels que la chair, le sang, la peau, les plumes, la laine, la corne, les os, etc., etc.

L'*engrais mixte* est ainsi appelé parce qu'il consiste en un mélange de matières animales et végétales. Dans cette classe, il faut ranger en première ligne les *fumiers* qui sont un composé des déjections des animaux mêlées à leur litière.

———

Que manque-t-il sur ta ferme, Eustache Maigrinet ? — Du fumier — Et après ? — Du fumier et .toujours du fumier.

Tu as raison. Avec un peu de terre et du fumier, tu feras venir des citrouilles au haut du clocher.

Sans fumier, il n'y a point de bonnes terres; avec du fumier, il n'y en a point de mauvaises.

Semer, sans fumier, c'est se ruiner. — Si tu te moques de la terre, elle se moquera de toi. — Pour qu'elle rende, il faut lui prêter : elle ne donne rien pour rien.

Le bétail maigre donne peu de fumier et du sec. Celui qui est en état en donne beaucoup et du bon.

Point de mauvaises années pour celui qui fume bien, et guère de bonnes pour celui qui fume mal.

Quand tu as déjà du fumier, tu le vois augmenter chaque année ; c'est que tes prés donnent plus de fourrages, et tes champs plus de paille.

Qu'est-ce qu'une ferme sans fumier? un cheval qui n'a que trois jambes : on le fouette et la pauvre bête ne marche pas ; elle se traîne.

Je vous l'ai dit : point de bonnes terres sans fumier. Laboure bien et fume bien ! voilà le secret.

Mais, me direz-vous ce qu'il faut faire pour avoir du fumier? m'a demandé Dominique Grognard.

Sans doute ; autrement, je serais comme un médecin qui connaîtrait la maladie et ne saurait pas le remède.

J'aurais mille choses à vous dire des amendements, de la chaux, de la marne, des engrais végétaux, des engrais animaux ; mais il y a temps pour tout; Paris ne s'est pas fait en un jour, il a commencé par une maison. Une petite brassée bien portée vaut mieux qu'une grande qui est traînée. Nous ne parlerons ici que des fumiers ou engrais mixtes.

Connais-tu les soins qu'il faut prendre pour avoir du fumier de bonne qualité? Ecoute.

Trop souvent, tu mets ton fumier sur une hauteur, et le suin coule dans la mare, la cour ou le chemin. Il se perd et c'est le meilleur. Ça n'est pas bien.

Tu fais comme la femme à Colas qui met la graisse dans la marmite, fait bouillir et passer pardessus ; la graisse va dans les cendres, et c'est de la soupe à l'eau claire. Ce n'est pas ça ! Ecoute mes conseils. Creuse auprès de ton fumier un trou plus large que profond, de manière à ce que les urines qui s'écoulent des étables, et qu'on nomme *purin*, puissent y être recueillies avec soin. On en humecte le fumier quand il est trop sec, et on s'en sert aussi avec beaucoup d'avantages pour arroser au printemps les prairies et les terres ensemencées de lin, de tabac, de colza, etc. etc. C'est donc un grand tort de la part des cultivateurs, de laisser s'écouler sans profit ces engrais liquides dans leurs cours ou sur la voie publique. Ils se privent ainsi volontairement d'une véritable richesse.

Une famille vivrait à l'aise avec ce qu'on manque

de gagner dans une ferme, faute de soins et de travail.

Ah ! ça donne de la peine ! a dit maître Fringot.

— Qu'est-ce qu'on a sans peine ? Si tu aimes la besogne toute faite, comme Jacquet Lambin, ne prends pas de ferme. La terre ne rend en produits que ce qu'on lui donne en travail. L'argent ne vient pas dans le gousset en se croisant les bras !

Point de fourrages sans prés ; point de bétail sans fourrages : c'est-il vrai ?

Mais point de fumier sans bétail, et point de grain sans fumier !

Ramasse tout ; ne laisse rien perdre !

Une poignée de paille donne deux poignées de fumier, et deux poignées de fumier donnent une poignée de blé.

Le pré donne le foin, le foin nourrit le bétail, le bétail fait le fumier et le fumier produit le grain.

Point de culture sans pré, comme sans fumier point de blé.

Celui qui sèmera sans fumier ne fera pas défoncer le grenier.

A petit fumier petit grenier.

S'il faut du bétail pour labourer, il en faut aussi pour fumer.

(J. BUJAULT.)

On peut, à la première vue, juger de l'industrie et du degré d'intelligence du cultivateur par les soins qu'il donne à son tas de fumier.

(BOUSSAINGAULT. Economie rurale.)

Avec du fumier je ne connais pas de mauvaises terres ; sans fumier, je n'en connais pas de bonnes.

(MATHIEU DE DOMBASLES.)

DE L'IRRIGATION

Parmi les travaux les plus utiles qui sont du ressort de l'agriculture, les irrigations, surtout dans les pays chauds, doivent être placées au premier rang.

Les bienfaits qui résultent d'une irrigation mesurée et intelligente sont incontestables. Les eaux, cet élément naturel de l'agriculture, bien aménagées et distribuées ensuite avec intelligence sur le sol, procurent des produits beaucoup plus abondants, plus certains et plus variés ; elles développent à un haut degré la fertilité naturelle d'un terroir.

Dans l'antiquité la plus reculée, nous voyons l'irrigation pratiquée avec succès. Nos pères savaient utiliser les plus petits ruisseaux ; et là, où les eaux courantes manquaient totalement ou bien n'étaient pas assez abondantes, de nombreux réservoirs artificiels étaient formés dans les vallons pour réunir les eaux pluviales de l'hiver, qui étaient ensuite dirigées sur les terres de culture.

C'est une application bien entendue des irrigations qui a le plus contribué autrefois à la prospérité de l'agriculture, en Egypte, en Perse, chez les Romains et chez les Maures d'Espagne ; aujourd'hui elles font la richesse de la Lombardie, du Piémont et de certaines parties du midi de la France. L'irrigation, en Algérie est une condition essentielle de cultures profitables, et la fumure la plus abondante ne peut y suppléer.

Au milieu des puissants vestiges de la domination romaine qui se rencontrent à chaque pas sur la terre d'Afrique, nous découvrons partout les traces des travaux hydrauliques par lesquels le peuple-roi aidant à la nature avait fait de ce sol privilégié le *grenier de l'Italie*. Dans la partie supérieure du Hodna existent encore les immenses réservoirs que les Romains avaient construits, et dans lesquels ils emmagasinaient les eaux à l'époque des pluies hivernales, pour les faire servir, plus tard, aux irrigations pendant l'été.

Les résultats qu'on peut retirer de l'irrigation sont si considérables, qu'on doit s'étonner que la pratique en soit encore si peu répandue. Il n'y a pas un petit ruisseau qui, convenablement utilisé à son passage, ne puisse tripler au moins le produit des campagnes qui le bordent. On a calculé que si en France les eaux des fleuves, des rivières et de tous leurs affluents étaient dérivées et appliquées à l'irrigation, partout où cette opération est praticable, le revenu agricole serait augmenté de plusieurs milliards.

En Algérie, dont l'heureux climat permet la culture de mille plantes industrielles que l'Europe va chercher aujourd'hui au bout du monde, et qu'un jour elle viendra demander à la terre africaine, l'irrigation produit des effets merveilleux.

Un mémoire officiel de M. l'ingénieur Aymard démontre qu'une orangerie d'un hectare produit net fr. 500 de plus que la même superficie cultivée en céréales. Un hectare de tabac donne le même produit, et un jardin maraîcher de la même contenance fournit un revenu double. On pourrait citer également les rendements considérables du coton, du sorgho, de la garance, etc.

Ces chiffres donnent une idée de la plus-value réelle donnée par l'irrigation aux terres consacrées aux cultures industrielles. Quant à la plus-value donnée par les irrigations d'hiver, aux terres cultivées en céréales, elle atteint au moins le chiffre de fr. 200 par hectare.

L'absence de rivières importantes et de grandes forêts en Algérie, la nature essentiellement torrentielle des cours d'eau et la sécheresse du climat, exigent l'emploi de moyens artificiels pour se procurer les eaux nécessaires aux irrigations. Il y a trois moyens d'y pourvoir :

Par des barrages permanents, des norias ou des puits artésiens.

Des barrages permanents établis non seulement en travers des rivières et ruisseaux, mais aussi en travers des vallons, sur les points favorables, c'est-à-dire là où les vallons sont resserrés, créent des réservoirs artificiels plus ou moins considérables qui peuvent alimenter les irrigations d'une grande étendue de territoire.

En fait de barrage, nous citerons le magnifique et grandiose travail, dont la plaine de Sig a été dotée par l'administration. Un vaste bassin y reçoit non seulement les eaux du Sig, mais encore celles qui, en hiver, descendent du haut des montagnes voisines. Il peut fournir, pendant l'été, 400 litres d'eau à la seconde, ce qui à raison de 40 mètres cubes par hectare et par jour, permet d'arroser au moins 800 hectares de cultures industrielles ; il permet également de créer une force motrice considérable pour l'établissement de plusieurs usines. Ce barrage assure la prospérité et la richesse de toutes les campagnes avoisinantes.

Un grand nombre de gorges, de ravins, de vallons étroits, dans le petit Atlas, aux environs de Bône, Philippeville, Oran, et même dans le Sahel d'Alger, peuvent successivement être barrés de la sorte, et devenir autant de réservoirs qui assureront la fertilité à des étendues considérables du territoire.

Quand l'irrigation ne peut être pratiquée par les eaux courantes sur le sol, on a la ressource d'aller chercher celle-ci dans la profondeur de la terre, et de les élever à la surface du sol par des moyens artificiels. On emploie alors les Norias.

L'ensemble d'une noria se compose d'un puits sur lequel est adaptée une chaîne sans fin, garnie de godets en tôle ou en zinc. Cette chaîne s'enroule sur un treuil en fer et fonte que fait mouvoir un animal de trait, au moyen d'une barre de manége. Les godets ramènent l'eau du fond du puits, et la versent, au fur et à mesure qu'ils montent, dans un réservoir d'où elle est dirigée ensuite sur le terrain à irriguer.

Outre ce moyen mécanique d'amener les eaux à la surface du sol, il en est un autre qui paraît pouvoir être appliqué avec succès dans plusieurs localités de l'Algérie, nous voulons parler des puits artésiens ou eaux jaillissantes.

On connaît les résultats merveilleux obtenus dans le Sahara, par les ateliers de sondage militaires. Le 9 juin 1858, dans l'Oasis de Tamerna, les travaux d'un premier puits artésien étaient couronnés de succès ; l'eau jaillissait en une gerbe immense, débitant plus de 4,000 mètres cubes d'eau par jour. C'était la vie qui sortait pour l'Oasis de Tamerna, des entrailles de la terre. Les habitants, accourus à ce spectacle, se roulaient de joie dans ces eaux vierges et bienfaisantes, et bénissaient la main qui les avait données.

A Sidi-Rached, où les palmiers, la grande ressource du pays, n'avaient pu être arrosés depuis quatre années, ce fut une rivière que nos soldats firent jaillir du sol, 4,000 litres d'eau par minute, c'est-à-dire plus que le puits de Grenelle, à Paris. Les indigènes l'appelèrent *la Fontaine de la Prospérité.*

A El-Ksour, autre source de 3,336 litres, jaillissant à un mètre et demi au-dessus du sol environnant. A Sidi-Sliman, *la Fontaine de la Vie*, 4,000 litres par minute, venait arracher à la mort une Oasis agonisante. A Braïm, 2,000 litres par minute : « Nous mourrons, disaient les habitants, dont le puits s'était comblé, venez nous sauver. » Et on les sauvait.

C'est ainsi que les ateliers de sondage militaires du Sahara ont porté la vie là où la nature avait mis la désolation et la mort ; c'est ainsi que l'armée a conquis, pour ainsi dire une seconde fois, ces peuples par la reconnaissance.

DU BORNAGE

Le bornage est le meilleur moyen d'empêcher les envahissements de ses voisins, et d'éviter des procès toujours ruineux pour ceux qui les entreprennent.

Tout propriétaire peut obliger ses voisins au bornage des propriétés qui lui sont contiguës.

Le bornage peut se faire à l'amiable entre les parties. Elles choisissent un arpenteur capable lorsqu'elles ne peuvent ou ne veulent pas faire elles-mêmes l'arpentage.

Si les parties ne peuvent s'entendre, elles s'adressent à la justice. Le tribunal nomme trois experts; les experts font un rapport et un plan qui sont déposés au greffe, et si le tribunal adopte le travail des experts, les parties sont obligées de s'y conformer.

Le bornage se fait à frais communs, soit qu'il se fasse à l'amiable ou par voie de justice; mais si l'un des propriétaires résiste, et qu'il faille le concours de la justice, il n'y a bien entendu que les frais d'opération de bornage qui se paient en commun; les frais et dépens sont payés par celui qui succombe.

NOTIONS DIVERSES SUR LE SYSTÈME DÉCIMAL

MESURES AGRAIRES.

Hectare	— Cent ares ou 10,000 mètres carrés.
Are	— Cent mètres carrés. Carré de 10 mètres de côté.
Centiare	— Centième de l'are ou mètre carré.

MESURES DE LONGUEUR.

Myriamètre	— Dix mille mètres.
Kilomètre	— Mille mètres.
Hectomètre	— Cent mètres.
Décamètre	— Dix mètres.
Mètre	— Unité fondamentale des poids et mesures. Dix-millionième partie du quart du méridien terrestre.
Décimètre	— Dixième de mètre.
Centimètre	— Centième de mètre.
Millimètre	— Millième de mètre.

MESURES DE CAPACITÉ

Pour les liquides et les matières sèches.

Kilolitre	— Mille litres.
Hectolitre	— Cent litres.
Décalitre	— Dix litres.
Litre	— Décimètre cube.
Décilitre	— Dixième du litre.

MESURES DE SOLIDITÉ.

Décastère	— Dix stères.
Stère	— Mètre cube.
Décistère	— Dixième du stère.

POIDS.

Millier	— Mille kilogrammes, poids du mètre **cube** d'eau et du tonneau de mer.
Quintal	— Cent kilogrammes, quintal métrique.
Kilogramme	— Mille grammes. Poids dans le vide d'un décimètre cube d'eau distillée à la température de 4 degrés centigrades.
Hectogramme	— Cent grammes.
Décagramme	— Dix grammes.
Gramme	— Poids d'un centimètre cube d'eau à **4 degrés** centigrades.
Décigramme	— Dixième du gramme.
Centigramme	— Centième du gramme.
Milligramme	— Millième du gramme.

DES MÉDECINS DE COLONISATION

L'administration algérienne s'est toujours efforcée d'assurer aux populations laborieuses de la colonie, le bénéfice des institutions généreuses de la mère-patrie, qui ont pour but de contribuer au bien-être matériel et à la moralisation des classes ouvrières, et de sauvegarder la santé publique.

L'Algérie a été successivement dotée de *l'assistance judiciaire*, *des bureaux de bienfaisance*, *des caisses d'épargne*, *des monts-de-piété*, *des sociétés de secours mutuels*. Elle a vu enfin organiser un nouveau service dont l'objet spécial est d'assurer aux populations rurales l'assistance du médecin.

Tous les territoires livrés à la colonisation, en Algérie, sont divisés en *circonscriptions médicales*. Chaque circonscription est desservie par un homme de l'art qui reçoit le titre de *médecin de colonisation*.

Le médecin de colonisation doit gratuitement ses

soins et les secours de son art à toute personne indigente de sa circonscription. Un tarif, arrêté par l'administration, détermine les honoraires qui lui sont dus pour les visites et opérations par lui faites aux personnes non indigentes.

Dans les localités où il n'existe pas de pharmacie, le médecin de colonisation délivre les médicaments à ses malades. Cette délivrance a lieu gratuitement, pour les indigents, et aux prix fixés par un tarif officiel pour les autres personnes.

Bref, l'organisation est telle, qu'il n'est pas une localité renfermant un groupe de population européenne qui ne se rattache à une circonscription médicale et qui, par conséquent, conformément aux instructions du Ministre, ne doive recevoir au moins deux fois par semaine la visite du médecin, et, dans toutes les circonstances, l'assistance et les soins gratuits de ce praticien pour la population indigente.

C'est ainsi que l'administration algérienne à su résoudre, pour ainsi dire, un problème qui, à toutes les époques et à si juste titre, a été l'objet de la sollicitude gouvernementale, savoir : constituer efficacement la médecine des pauvres au profit des travailleurs agricoles.

LES LEÇONS DE JEANNE

Un enfant suivait sa sœur aînée qui vaquait aux soins de la ferme, l'interrogeant à chaque pas et apprenant la vie, sans s'en apercevoir, sous cette douce institutrice.

— Pourquoi, Jeanne, semez-vous ainsi du bon grain à terre ? demandait-il ; le grain pousse avec peine et se vend cher ; mieux vaudrait en faire du pain pour la ferme que le jeter aux poussins.

— A la longue, les poussins deviendront grands, répondait Jeanne, et chacun d'eux se vendra à la ville une pièce d'argent. *Il faut songer à la fin, ne pas compter sa peine et savoir attendre.*

L'enfant, persuadé, plongea sa main dans le sac que portait la jeune fille, et donna lui-même la pâture aux volatiles empressés ; mais il aperçut l'ânon qui regardait, et s'écria :

— Jeanne, pourquoi Grison n'est-il pas aux champs avec les travailleurs, pour tirer la charrette et porter l'herbe fraîche ?

— Grison est jeune, répondit la fermière, il a maintenant besoin de repos, afin de prendre des forces. *Il ne faut pas sacrifier l'avenir au présent.*

3.

L'enfant n'insista pas, et il passa sur les longues oreilles de l'ànon une main caressante; mais son œil rencontra le gros François occupé à rentrer les gerbes, et il s'étonna encore :

— Jeanne, à quoi bon tant se presser pour le blé? dit-il; le temps n'est-il pas assez beau, et ne peut-on le laisser hors des granges?

— La pluie peut venir, répliqua Jeanne, *et les gens sages ne chargent jamais demain de l'ouvrage d'aujourd'hui.* Et le petit Pierre alla aider le garçon de ferme à rentrer les gerbes.

Puérils enseignements ! — dira-t-on?— Peut-être. Mais qui n'a pas besoin des mêmes leçons que l'enfant? Qui que vous soyez, négociant, artiste, industriel ou homme d'état, pensez bien aux conseils de Jeanne, et dites-moi si vous n'avez jamais *oublié la fin et manqué de patience ;* si vous vous êtes toujours *occupé de l'avenir plutôt que du présent,* et *si l'orage ne vous a point quelquefois surpris?*

EMILE SOUVESTRE.

LE PETIT VERRE D'EAU-DE-VIE

Un jour que j'avais été appelé au dehors pour quelques travaux, je dus prendre pour revenir une de ces charettes de messagers, encore communes dans ce temps-là, aux environs de Paris, et qui, transportaient, pêle-mêle, marchandises et voyageurs.

Le conducteur était un homme encore jeune, de belle apparence, et dont le visage annonçait cette santé robuste, qui est le salaire d'une bonne conscience. J'appris bientôt qu'il possédait quelques arpents de terre, qu'il cultivait entre ses voyages.

Il me racontait l'histoire de son domaine, comme il l'appelait en riant, quand nous fûmes croisés sur la route, par un homme pauvrement vêtu, courbé, et dont les cheveux grisonnants retombaient en désordre sur son visage bourgeonné ! Au moment où il passa près de nous, je m'aperçus qu'il chancelait. Il salua le voiturier avec la chaleur bruyante de l'ivresse, et celui-ci répondit d'un ton de familiarité qui me surprit.

— C'est un de vos amis? demandai-je quand l'ivrogne fut éloigné.

— Cet homme-là ! monsieur, reprit-il, c'est mon bienfaiteur et mon maître !

Je le regardai comme si je n'avais pu comprendre.

— Ça vous étonne, reprit le messager en riant, c'est pourtant la vérité ! Seulement, le malheureux ne s'est jamais douté de la chose. Faut vous dire d'abord que Jean Picon (c'est comme ça qu'il se nomme), Jean Picon est un ancien camarade d'enfance. Nos parents demeuraient porte à porte et nous avons fait notre première communion la même année. Seulement, Picon était déjà pour lors un peu folâtre, et, en prenant de l'âge, il a eu bientôt adopté toutes les habitudes des bons vivants. Je ne l'avais pas beaucoup fréquenté, mais le hasard finit par nous mettre ouvriers chez le même bourgeois. Le premier jour, au moment de partir, voilà que Picon et les autres s'arrêtent au cabaret pour boire le coup d'eau-de-vie du matin. Je restai à la porte sans trop savoir ce que je devais faire, mais ils m'appelèrent tous.

— N'a-t-il pas peur que ça le mine, s'écria Picon en se moquant; deux sous d'économisés ! Il croit peut-être que ça le rendra millionnaire.

Les autres se mirent à rire, ce qui me fit honte, et j'entrai boire avec eux. Cependant, arrivé aux champs et tout en m'occupant de labour, je commençai à ruminer ce que Picon avait dit : Le prix de ce petit verre de ce matin était dans le fait peu de chose, mais répété chaque jour, il finissait par produire *trente-six francs dix sous,* par an. Je me mis à calculer tout ce que l'on pourrait avoir avec cette somme.

Trente-six francs dix sous, dis-je en moi-même,

c'est, quand on est en ménage, une chambre de plus au logement, c'est-à-dire de l'aisance pour la femme, de la santé pour les enfants, de la bonne humeur pour le mari.

C'est le bois de l'hiver et le moyen d'avoir du soleil à domicile, quand il n'y a que de la neige au dehors.

C'est le prix d'une chèvre dont le lait augmente le bien-être du ménage.

C'est de quoi payer l'école où le garçon apprend à lire et à écrire.

Puis, détournant mon esprit d'un autre côté, j'ajoutai :

Trente-six francs dix sous ! Notre voisin Jérôme ne paie pas davantage pour la location de l'arpent qu'il cultive et qui nourrit sa famille. C'est juste, l'intérêt de la somme que je devrais emprunter pour acheter au commissionnaire du bourg le cheval et la charrette qu'il veut vendre. Avec cet argent dépensé chaque matin, au détriment de ma santé, je puis me faire un état, élever une famille, ramasser les épargnes nécessaires à mes vieux jours.

Ces calculs et ces réflexions me décidèrent. Je laissai de côté la mauvaise honte qui m'avait fait céder une première fois aux sollicitations de Picon; j'épargnai sur mes premiers gains ce qu'il m'aurait fait dépenser au cabaret, et bientôt, je pus entrer en pourparler avec le voiturier auquel j'ai succédé.

Depuis, j'ai toujours continué à calculer chaque dépense et à ne négliger aucune économie, tandis que Picon persévérait de son côté, dans ce qu'il appelle la vie des bons vivants. Vous voyez où cela nous a conduits tous les deux. Les haillons du pauvre homme, sa vieillesse avant l'âge, le mépris des honnêtes gens, et mon aisance, ma santé, ma bonne réputation, tout vient d'une habitude prise. Sa misère, c'est le petit verre d'eau-de-vie qu'il boit en se levant, comme mes joies sont les deux sous épargnés chaque matin.

Emile Souvestre.

LE NOYAU

Un écolier presse une cerise entre ses lèvres, et en rejette le noyau ; un vieillard le relève et l'enfouit dans une terre labourée, aux yeux de l'enfant qui rit d'un tel soin.

Plus tard, l'enfant repasse au même lieu, et voit le noyau devenu arbuste. Le vieillard est encore là qui le taille, le greffe, le défend contre toute atteinte.

— A quoi bon tant de fatigues ? pense l'adolescent.

Mais devenu homme, et longeant la route poudreuse, il retrouve l'arbre couvert de fruits qui le désaltèrent, et il comprend enfin la prudente prévoyance du vieillard.

Qui de nous n'a point été cet enfant, cet homme ? Combien de projets abandonnés sur la route, et qu'un plus prudent relève après nous. La plupart des hommes vivent au hasard, sans songer que tout germe recueilli devient l'origine d'une moisson, et que la moindre de nos actions est *le noyau d'une cerise*.

Emile Souvestre.

LES DEUX POMMIERS

Un riche laboureur était père de deux garçons dont l'un avait tout juste un an de plus que l'autre. Le jour de la naissance du second, il avait planté à l'entrée de son verger, deux pommiers d'une tige égale, qu'il avait cultivés depuis avec le même soin, et qui avaient si également profité de leur culture, qu'on n'aurait jamais pu se décider entre eux pour la préférence.

Lorsque ses enfants furent en état de manier les outils de jardinage, il les mena, un beau jour de printemps, devant les deux arbres qu'il avait plantés pour eux, et nommés de leur nom ; et, après leur avoir fait admirer leur belle tige et la quantité de fleurs dont ils étaient couverts, il leur dit : « Vous voyez, mes enfants, que je vous les livre en bon état. Ils peuvent autant gagner par vos soins qu'ils perdraient par votre négligence. Leurs fruits vous récompenseront en proportion de vos travaux. »

Le cadet, nommé Etienne, était infatigable dans ses soins. Il s'occupait tout le jour à délivrer son arbre des chenilles qui l'auraient dévoré. Il étaya sa tige pour empêcher qu'il ne prît aucune mauvaise tournure ; il piochait la terre tout autour, afin qu'elle pût se pénétrer plus facilement des feux du soleil et de l'humidité de la rosée. Sa mère n'avait pas eu plus d'attentions pour lui dans sa plus tendre enfance qu'il n'en avait pour son jeune pommier.

Michel, son frère, ne faisait rien de tout cela. Il passait la journée à grimper sur le coteau voisin, d'où il jetait des pierres aux passants. Il allait chercher tous les petits paysans d'alentour pour se battre avec eux. On ne lui voyait que des écorchures aux jambes et des bosses au front, des coups qu'il avait reçus dans ses querelles. En un mot, il négligea si bien son arbre, qu'il n'y songea plus du tout, qu'au moment où il vit, dans l'automne, celui d'Étienne, si chargé de pommes bigarrées de pourpre et d'or, que, sans les appuis qui soutenaient ses branches, le poids de ses fruits l'aurait entraîné à terre. Frappé à la vue d'une si belle récolte, il courut à son arbre, dans l'espérance d'en recueillir une tout aussi abondante. Mais quelle fut sa surprise de n'y trouver que des branches couvertes de mousse et quelques feuilles jaunies! Plein de jalousie et de dépit, il alla trouver son père et lui dit : « Mon père, quel arbre m'avez-vous donné? il est sec comme un manche à balai, et je n'aurai pas dix pommes à cueillir. Mais mon frère!... Oh! vous l'avez bien mieux traité! Ordonnez-lui, du moins, de partager ses pommes avec moi !

— Partager avec toi ? lui répondit son père : ainsi le diligent aurait perdu ses sueurs pour nourrir le paresseux ! Souffre, c'est le prix de ta négligence, et ne t'avise pas, en voyant la riche récolte de ton frère, de m'accuser d'injustice. Ton arbre était aussi vigoureux et d'un aussi bon rapport que le sien ; il avait une égale quantité de fleurs ; il est venu sur le même terrain ; seulement, il n'a pas reçu la même culture. Étienne a délivré son arbre des moindres insectes ; tu as laissé dévorer le tien dans sa fleur.

Comme je ne veux rien laisser perdre de ce que Dieu m'a donné, je te reprends cet arbre, et je lui ôte ton nom. Il a besoin de passer par les mains de ton frère pour se rétablir, et il lui appartient, dès ce moment, avec les fruits qu'il y fera naître. Tu peux en aller chercher un dans ma pépinière, et le cultiver si tu veux, pour réparer ta faute ; mais, si tu le négliges, il appartiendra encore à ton frère, puisqu'il me seconde dans mes travaux.

Michel sentit la justice de la sentence de son père et la sagesse de son conseil. Il alla, dès ce moment, choisir dans la pépinière le jeune élève qu'il crut le plus vigoureux ; il le planta lui-même. Étienne l'aida de ses avis pour le cultiver. Michel ne perdit pas un moment ; plus de querelles avec ses camarades, encore moins avec lui-même, car il se portait de gaieté de cœur au travail. Il vit dans l'automne son arbre répondre pleinement à ses espérances. Ainsi il eut le double avantage de s'enrichir d'une abondante récolte et de perdre les habitudes vicieuses qu'il avait contractées. Son père fut si satisfait de ce changement, qu'il lui céda, l'année suivante, de moitié avec son frère, le produit d'un petit verger.

Berquin.

DES IVROGNES

Jacques Chopine, le cabaretier de mon village, a, depuis quatre mois, ruiné cinq personnes ; il en a encore trois en chantier ; elles y passeront comme les autres, si je n'y mets le holà !

Vous verrez que Bois-sans-Soif, qui se saôule une ou deux fois par semaine, sera bientôt réduit à l'eau claire, et Daniel Lapinte aussi.

Mon ami, ne va aux foires et aux marchés que pour tes affaires. Il y aura toujours assez de fainéants, d'ivrognes et de gourmands sans toi.

Le chemin du cabaret est aussi le chemin de l'hôpital.

Tu ne fais jamais un marché sans boire, et, dans ces marchés d'ivrognes, il y a toujours un sot et un fripon.

Maître Balzas est ruiné, d'où cela vient-il ?..... demandez-le au cabaretier.

Donner une ferme à un ivrogne, c'est confier sa bourse à un voleur ; il se ruinera et ruinera la terre. A fin de bail, la ferme et le fermier ne vaudront pas plus l'un que l'autre.

Quand tu es au cabaret, tu ne fais rien, tu dépenses ton argent et l'ouvrage va mal à la maison; c'est pis que de brûler sa chandelle par les deux bouts.

Tu manges et bois dans un jour ce que tu as gagné dans une semaine, et ta femme et tes enfants sont sans pain.

Toute fille qui épouse un ivrogne est à bout d'aise; elle sera battue, vivra dans la misère, et mourra de chagrin.

Dans les villes et dans les bourgs, les ouvriers se saôulent le dimanche, puis le lundi, et souvent le jour du marché; ils se battent, font tapage à la maison, mangent tout et tombent dans la misère. Il faut que cela finisse.

Honte aux ivrognes! point de cabaret, à bas le cabaret! C'est un gouffre où le temps, l'argent, la réputation et la santé vont se perdre.

Ecoutez ce petit calcul!... Quand tu bois au cabaret, tu paies un droit au gouvernement de deux ou trois liards par bouteilles; ce n'est pas grand chose. Mais tu paies le loyer du cabaretier, sa patente et ses impôts; tu paies encore le ménage, l'entretien, la nourriture, les vêtements et les fantaisies de cet homme et de toute sa famille; voilà pourquoi il te vend six à huit sous ce qui lui en coûte deux. Tu vois bien qu'il n'y a pas moyen d'y tenir et que tu te ruines à ce métier-là. Est-ce vrai? réponds!

Allons! par ordre de Jacques Bujault, qu'on affiche tout ça à la porte des cabarets, et qu'on le corne tous les jours aux oreilles des ivrognes.

J. BUJAULT.

CULTURES ET RÉCOLTES EN ALGÉRIE

—

CULTURES ET RÉCOLTES

Les plantes agricoles, c'est-à-dire celles que l'on cultive dans les champs, offrent quatre grandes divisions : 1° les céréales; 2° les plantes fourragères; 3° les légumineuses et les plantes sarclées; 4° les plantes industrielles.

CÉRÉALES.

Sous la désignation générale de céréales, on comprend toutes les plantes dont les grains sont propres à être réduits en farine. Par ce même motif, on les nomme aussi plantes farineuses.

Les principales céréales, cultivées en Algérie, sont le blé ou froment, l'orge, le maïs, l'avoine, etc.

Blé. — Les blés algériens n'ont rien à envier, quant à la qualité, aux similaires des autres nations. Les blés tendres soutiennent hautement la comparaison avec ce que l'Espagne, la Toscane, l'Angleterre et les États-Unis produisent de plus beau. Les blés durs ne sont pas moins satisfaisants.

En 1853, l'Algérie a fourni à la France près de 1 million d'hectolitres de céréales, d'une valeur de plus de 14 millions de francs ; en 1860, à la suite d'une récolte plus que médiocre, elle a encore exporté pour plus de cinq millions de francs.

Combien ces chiffres seraient plus élevés, si la colonisation avait livré aux capitaux et au peuplement les millions d'hectares improductifs jusqu'à ce jour.

La France offre une superficie totale de 52 millions d'hectares, dont 20 millions environ en état de culture proprement dite. Sur ces 20 millions d'hectares, 15 millions ou les trois quarts sont occupés par les céréales. Le produit moyen de la terre est de 12 à 13 hectol. par hectare, soit pour 15 millions d'hectares, 180 à 195 millions d'hectolitres qui suffisent à peine à la consommation du pays.

Le Tell algérien (nous laissons de côté le Sahara algérien) présente une surface totale d'environ 15 millions d'hectares. En supposant une population et une division du sol proportionnelles à celles de la mère-patrie, 6 millions d'hectares pourraient être à l'état de culture proprement dite. Sur ces 6 millions d'hectares, admettons, pour faire la part des cultures industrielles appelées à devenir la principale richesse du pays, que 3 millions seulement soient consacrés aux céréales. Bien préparé et bien fumé, en raison de sa fécondité naturelle et de la puissance de la végétation, le sol de l'Algérie peut aisément donner une moyenne de 15 à 16 hectolitres à l'hectare. 3 millions d'hectares produiraient ainsi 45 à 48 millions d'hectolitres, soit un excédant d'au moins 9 millions d'hectolitres comparativement à la production de la France, et que l'Algérie pourrait verser chaque année sur les marchés du monde pour rétablir l'équilibre des subsistances.

Remarquons en outre l'extrême précocité des blés algériens qui fait qu'ils peuvent arriver sur les marchés du centre de la France, un mois plus tôt que ceux provenant de la récolte locale.

Une disette en France, ou même seulement un déficit de récoltes, se traduit inévitablement par une dépense de plusieurs centaines de millions. Il faut acheter des blés à Odessa ou en Amérique; mais avant qu'ils soient arrivés à Marseille et mis en circulation, que de souffrances et de misères pour les malheureux qui attendent! De plus, c'est de l'argent qu'il faut verser à l'étranger, et sans compensation aucune ; c'est de l'argent qui sort de France et qui n'y rentre pas ; tandis que l'argent versé en Algérie sert à acheter les produits manufacturés, alimente le commerce et la marine marchande de la Métropole. Et si une guerre survenait ! Si les ports de la mer Noire étaient fermés! Ne serait-on pas heureux, dans une pareille éventualité, d'avoir l'Algérie et de pouvoir, grâce à l'abondance de ses récoltes, se passer de celles qui nous viennent des bords du Danube?

La France est tributaire de l'étranger pour une forte somme de denrées et de marchandises que son sol ne peut produire ou ne peut fournir en quantité suffisante pour les besoins de la consommation. Le blé lui-même, qu'elle a en abondance, lui fait cependant parfois défaut.

On constate que la France a tiré de l'étranger :

3.700,000	hectolitres de blé en	1853
5.173,000	—	1854
2.756,000	—	1855
9.130,000	—	1856

Ces **21,719,000** hectolitres en quatre années n'ont pas moins coûté d'un demi-milliard.

N'eût-il pas été bien préférable que la France eût comblé ce déficit de récolte, avec les blés de l'Algérie qui aurait alors bénéficié de ces sommes immenses enlevées à la fortune publique de la mère-patrie?

Il est enfin une erreur trop généralement accréditée; c'est que le Colon européen ne peut lutter contre l'Arabe, pour la production des céréales. Si l'on veut faire entendre par là que l'Arabe cultive le sol à meilleur marché, on a raison; le bilan toutefois d'une exploitation ne se compose pas seulement des frais de culture, il comprend aussi les résultats définitifs de l'opération. Sans doute, l'Européen, dont le travail serait aussi imparfait que celui de l'indigène, succomberait dans la lutte; mais un agriculteur éclairé et habile n'a rien à redouter de ce dernier. Là, en effet, où l'Arabe obtient à grande peine 6 ou 8 pour un, le Colon européen, bon cultivateur, et muni des ressources nécessaires, obtiendra de 15 à 20.

Avec une marge de cette importance, on peut aisément faire face à des dépenses de production plus élevées. C'est ici le cas de répéter avec Jacques Bujault :

Un peu de travail et beaucoup de soins nous mettent le pain à la main.

Une famille vivrait à l'aise avec ce qu'on manque de gagner dans une ferme.

Tant vaut l'homme, tant vaut la terre. La terre rend comme on lui donne.

Avoine. L'avoine est cultivée sur une grande échelle dans tous les départements de France et dans tous les États de l'Europe. Ses grains sont d'une très grande utilité pour la nourriture des animaux. Les chevaux auxquels on veut donner de l'ardeur, les moutons qu'on engraisse, les brebis nourrices, dont on veut augmenter le lait, se trouvent également bien de l'usage de l'avoine.

L'avoine, cultivée jusqu'ici en Algérie, sur une échelle assez restreinte, donne cependant de magnifiques résultats; elle y est tout aussi rustique qu'en France.

De toutes les céréales, l'avoine est la moins exigeante sur le choix du terrain; elle vient très-bien sur les défrichements récents, et c'est en Algérie la place qui lui convient le mieux.

L'avoine d'hiver blanche est celle qui semble être adoptée de préférence en Afrique.

On sème dès le mois de novembre à raison de 4 hectol. à l'hectare; c'est la plante qui supporte le mieux les semailles abondantes, parce qu'il y a beaucoup de grains qui ne germent pas.

Il est avantageux de couper l'avoine lorsqu'elle est encore un peu verte, pour éviter la perte causée par les vents : mais alors il est nécessaire de la laisser javeler, c'est-à-dire rester pendant une huitaine de jours au moins sur le sol, pour que le grain arrive à sa perfection.

L'expérience a démontré que l'avoine, contrairement à ce que l'on croyait, était une excellente nourriture pour les chevaux de trait, pendant l'hiver, et qu'elle n'avait pas l'inconvénient de les échauffer, comme on le pensait. La paille d'avoine est une excellente nourriture pour le bétail. On cultive aussi cette plante pour la couper en vert.

Le produit en grain varie de 20 à 60 hectolitres, suivant la fertilité de la terre. Une bonne avoine doit peser 50 kil. l'hectol. Le produit en paille varie entre 1,500 et 4,000 kilog.

Orge. L'orge nous vient des montagnes de l'Himalaya, où elle a été trouvée à l'état sauvage.

L'orge la plus généralement répandue en Algérie est celle qui est cultivée de temps immémorial par les Arabes, et qu'ont adoptée les Européens; elle appartient à la variété connue sous le nom d'orge à six rangs qui est très-productive. Le grain en est gros et pesant, et si le poids de l'hectolitre est un peu inférieur à celui des orges anglaises et européennes, cela tient uniquement à l'insuffisance du battage fait généralement jusqu'ici par le pied des animaux qui ne brise pas complètement les barbes ou prolongement des bâles qui demeurent adhérentes au grain. Une opération complémentaire du battage donnerait aux orges algériennes un poids qui serait au-dessus de la moyenne.

Les orges demandent une terre franche, molle et riche. Les terres sablonneuses ne lui conviennent pas.

On consomme beaucoup d'orge en Algérie, et la culture de cette céréale sera toujours avantageuse aux colons.

Maïs. Le maïs, qui est originaire des régions chaudes du globe, se trouvent en Algérie, comme dans son pays natal. Toutes les variétés y prospèrent et la plupart y donnent des récoltes fort abondantes.

Le maïs doit se semer au commencement d'avril. Il se cultive à l'arrosage.

Le maïs n'est pas trop exigeant sur le choix des terrains, mais c'est la plante qui profite le mieux d'un sol riche et bien fumé.

Le maïs offre une grande ressource en vert pour la nourriture des bestiaux; il peut, à cet effet, être cultivé, à une seconde récolte. Sa graine peut servir à la fabrication de la bière, à l'engrais de la volaille, et même à la nourriture de l'homme. Ses feuilles sèches sont d'un produit avantageux et d'un écoulement facile dans les villes où on l'emploie à l'usage des sommiers et des paillasses.

PLANTES FOURRAGÈRES.

On appelle *plantes fourragères*, celles que l'on fauche pour la nourriture du bétail.

Sans fourrage, il n'y a pas d'agriculture possible. En effet, si vous n'avez pas de fourrages, vous ne pouvez pas entretenir de bestiaux, et si les bestiaux vous manquent, vous vous trouvez en même temps privé de fumier, élément indispensable à toute culture.

Outre les foins d'Europe, qui viennent à peu près sans culture en Algérie, outre le *trèfle*, la *luzerne*, le *sainfoin*, la *vesce*, notre fertile colonie produit encore une assez grande quantité d'herbes fourragères, toutes excellentes pour la nourriture et l'engraissement des bestianx. Parmi celles-ci, remarquons le *sorgho*.

Le sorgho, vulgairement appelé grand millet de l'Inde, est une plante annuelle, à tiges articulées, pleines de moëlle, s'élevant à 2 m. ou à 2 m. 50 c., et garnies de feuilles semblables à celles du maïs.

Il y a plusieurs variétés, deux surtout sont cultivées en Algérie, le sorgho sucré et le sorgho blanc.

Le sorgho sucré est la plante fourragère qui, à l'époque où presque tout est brûlé par le soleil, peut le plus facilement, le plus économiquement être cultivé. Elle est rustique, nutritive, d'un rendement considérable, et demande de la chaleur pour végéter. Employée seule, elle a le grand avantage de désaltérer les animaux. Cette qualité seule devrait suffire pour la faire cultiver par tous ceux qui, en été, n'ont à donner à leurs animaux que de l'eau insalubre.

Le sorgho se sème en lignes comme le maïs, et exige les mêmes soins, les mêmes cultures. S'il est cultivé sans le secours des irrigations, il demande une terre parfaitement ameublie, profonde et bien fumée.

Le sorgho blanc (bechna des Arabes), est digne également de fixer l'attention des cultivateurs. Il craint moins la sécheresse que le sorgho à sucre, se sème dans toutes les terres qui conviennent au blé, sur les hauteurs comme dans les bas-fonds, et peut parfaitement remplacer des cultures d'hiver qui auraient manqué, ou succéder encore à des récoltes faites de bonne heure, aux fèves, par exemple.

Les Arabes le sèment à la volée.

La graine sert à faire un pain qui a du rapport

avec le pain d'orge; elle sert à engraisser les vo-
lailles. Après la récolte, qui consiste à couper les
épis seulement, les indigènes mettent leurs bœufs
dans le champ ; les tiges sont encore toutes vertes et
constituent un fourrage très-nutritif. M. Vallier a
vu, à la fin de septembre, au pays des Issers, les bestiaux pâturant dans les champs de sorgho, et se
maintenant en très-bon état, alors qu'ailleurs,
les troupeaux ne trouvaient rien à manger et dépé-
rissaient.

PLANTES LÉGUMINEUSES ET SARCLÉES.

On donne la dénomination de légumineuses à
toutes les plantes dont les graines sont enfermées
dans une gousse. Il y en a quatre principales : le
haricot, la fève, le pois, la lentille, qui occupent
la place qu'elles méritent dans la production algérienne.

Du reste, tous les légumes cultivés en Europe
réussissent en Algérie. Quelques-uns même s'y re-
produisent spontanément et presque sans aucun soin.

A cause de la fertilité prodigieuse de son sol,
l'Algérie voit ses champs, en décembre, couverts des
légumes les plus recherchés à Paris, vers la fin de
mars, et est en mesure de fournir de primeurs les

marchés de la capitale qui s'approvisionnaient auparavant en Italie.

Les exportations de légumes et de fruits de l'Algérie, se sont élevées, en 1857, à la somme énorme
de 757,388 francs.

On range dans la catégorie des plantes sarclées les
plantes alimentaires qu'on cultive par rangées, disposition qui permet le sarclage, c'est-à-dire l'opération qui a pour but de débarrasser le sol des mauvaises herbes, soit avec la main, soit avec un instru-
ment appelé sarcloir.

Les principales plantes à culture sarclée sont : la
pomme de terre, la patate, la betterave, la carotte,
le navet, etc., etc.

Pomme de terre. — La pomme de terre est originaire du Mexique et du Pérou. Ce précieux tubercule fut importé d'Amérique, en 1586, par un
anglais qui envoya quelques pommes de terre jaunes
à la reine Elisabeth. A partir de ce moment, on commença dans les états Britanniques à cultiver cette
plante, mais comme un simple objet de curiosité.
Elle ne fut introduite en France que vers 1740 par
l'illustre agronome Parmentier. Cet homme de bien,
dont la vie fut consacrée à chercher les moyens d'a-
méliorer le sort des masses par d'abondantes récoltes en tout genre, entreprit obstinément de pro-

pager dans sa patrie la culture de la pomme de terre; et, il ne réussit qu'à force de dévouement et de persévérance, à vaincre les répugnances de l'opinion publique.

« Le gouvernement, écrit Parmentier dans ses mémoires, mit à ma disposition un vaste terrain d'environ 50 arpents dans la plaine des Sablons. Cette plaine alors était inculte, sablonneuse, de peu de valeur et presque impropre à la culture, mais je l'avais choisie à dessein, pour donner la preuve que la pomme de terre vient parfaitement dans une terre pauvre.

» Bientôt ce champ fut couvert d'une verdure magnifique; les fleurs parurent et les tubercules suivirent de près. Je fis garder mon champ avec appareil pendant le jour, pour exciter à me voler mes pommes de terre pendant la nuit. Je ne m'étais pas trompé. Les nuits suivantes, mon champ fut pillé, et dès ce moment la pomme de terre fut connue et appréciée dans bien des campagnes.

» Cependant tous les préjugés n'ont été décidément vaincus qu'après la disette de 1816 et 1817. Les gens de la campagne s'obstinaient à regarder cet aliment comme tout au plus propre à nourrir leurs bestiaux, leurs cochons de préférence; tous maintenant en mangent et s'en trouvent bien. »

En Russie, en Pologne, en Prusse, en Allemagne,

en Angleterre, en Écosse, en Irlande et dans le nord de la France, les populations vivent de pommes de terre pendant sept mois de l'année.

La culture de la pomme de terre a été propagée sur tous les points du territoire algérien. Les Arabes eux-mêmes ont accueilli avec le plus grand empressement la culture de ce précieux tubercule qui tient aujourd'hui une grande place dans la consommation indigène.

La pomme de terre vient partout. Mais elle préfère un sol léger, sablonneux même.

On plante, depuis septembre jusqu'en mars, à la faveur des pluies, sans qu'il soit nécessaire d'arroser; pour les plantations faites en dehors de ce temps, il est nécessaire d'irriguer, on est même obligé de le faire pour la fin de la récolte de mars et le commencement de celle de septembre. Ce sont les plantations faites en janvier et février qui sont les plus productives; ce sont celles que l'on doit faire de préférence en grand.

LE PAIN DE LA PROVIDENCE.

— Il faut que je vous conte (à propos de la pomme de terre) une des histoires du père Thomas; il y en a mille.

Il avait été 28 ans premier grenadier du 32ᵉ de ligne ; celui-là avait trimé. Il s'établit au village de Murville. Tout le monde y était pauvre ; les femmes et les enfants ne faisaient rien du matin au soir.

Il ordonne que tout le monde se rende au canton, le premier dimanche de février ; personne n'y manque.

Il fait mettre les femmes et les filles d'un côté ; les hommes et les garçons de l'autre. Il compte : deux cents dans chaque compagnie. C'est juste, dit-il, nous ferons des mariages, quand il y aura du pain de reste. Ensuite, il range les vieillards et les enfants à sa droite, et fait passer les hommes à sa gauche... un cent dans chaque peloton... Puis, il fait sortir des rangs les tisserands, les maçons, les maréchaux, les cordonniers, les sabotiers, les charrons, les charpentiers, tous les artisans qui travaillent pour l'agriculture et les cultivateurs.

Compte fait, il lui reste, sur ces 400 individus, 80 laboureurs. — Il faut, dit-il, qu'un homme en nourrisse cinq et pourvoie à leurs besoins ; qu'il paie encore la ferme et les impôts ; c'est impossible ; nous sommes déjà pauvres et nous allons mourir de faim. Désormais, tout le monde travaillera, chacun suivant sa force. On labourera 500 boisselées de nos jachères, on y sémera des pommes de terre, du maïs, des haricots, etc. Les femmes et les enfants bineront ces récoltes... Maintenant que chacun s'explique... Personne ne dit mot.

Mais il y avait là deux hommes du village du **Roc**, M. Routinet et maître Ledur. Le premier prend la parole et ne manque pas de mauvaises raisons pour empêcher les habitants de Murville d'essayer ces cultures. Maître Ledur parla dans le même sens.

Le père Thomas, qui était vif comme la poudre, se lève brusquement, et amène un jurement à faire trembler la terre. Il tire son sabre et s'écrie : « **Marchands de mauvaises paroles**! descendez la garde, ou, dans une minute, il manquera deux hommes à l'appel. » Il court sur eux et les autres s'enfuient.

Il se retourne alors sur l'assemblée et dit : « Vous êtes tous d'accord, n'est-ce pas? » Tout le monde se tait et rit sous cape. « Qui ne dit mot consent, reprend-il avec assurance.

» Vadeboncœur, tu seras de planton tout l'été, tu feras la ronde tous les jours, et tu assureras le service. »

C'était un vieux soldat du 17ᵉ léger. « J'ai la consigne, répondit-il, et les polissons qui joueront à la *drogue*, recevront plus de taloches que de pièces de cinq francs. »

Le vieux grenadier était aimé, respecté, un petit peu craint; car il était vif et sévère. Tout alla pour le mieux.

Il fallait voir les habitants du Murville à la fin de septembre. Chacun ramassait sa récolte; tout le monde était occupé, joyeux, content; le village était dans l'abondance et dans la joie.

On vécut toute l'année avec ces produits, et on vendit les trois quarts du blé.

Ce qui arriva ensuite, ainsi que les aventures de Vadeboncœur et du père Thomas avec M. Routinet et maître Ledur, c'est ce que je vous dirai une autre fois; car l'histoire est un peu longue.

Sachez seulement qu'à quelques années de là, il survint une grande disette. La récolte des pommes de terre fut d'une abondance incroyable ; elle sauva de la mort les habitants de Murville et de six communes voisines.

Le père Thomas réunit tout le monde un certain jour. « Mes amis, leur dit-il, je vous ai appelés pour rendre grâce à Dieu du présent qu'il nous a fait. Aujourd'hui la pomme de terre a changé de nom, vous ne l'appellerez plus que le *pain de la Providence*.

Puis, d'une voix de tonnerre, il s'écria : « Dieu des batailles! Dieu du soldat! Dieu du laboureur! nous te remercions de tes bienfaits, bénis nos travaux! »   J. BUJAULT.

Patate. La patate est originaire de l'Inde et de

l'Amérique méridionale. Cette plante alimentaire est d'une culture très-étendue dans les pays chauds, et elle est pour eux ce qu'est la pomme de terre dans les pays froids ou tempérés. Elle n'est pas moins avantageuse en Algérie.

Les qualités nutritives de la patate sont incontestables, et son rendement est quatre fois plus considérable que celui de la pomme de terre.

Les variétés les plus estimées sont : la patate igname, la patate grosse blanche, la rose de Malaga. Le feuillage des patates, qui est très-abondant, peut être donné en nourriture aux bestiaux, qui le mangent avec plaisir.

CULTURES INDUSTRIELLES

On nomme plantes *commerciales* et *industrielles* celles dont les produits ne servent pas à l'alimentation de l'homme et des animaux, mais sont employées dans les arts et dans les manufactures.

Ces plantes donnent généralement de grands bénéfices. « Il suffit d'une plante, a dit M. de Labourdonnays, l'illustre gouverneur de l'Ile-de-France, pour faire la richesse d'une nation. » L'Algérie, elle, en possède plusieurs qui pourraient aspirer à cet avenir, telles que le *tabac*, le *coton*, la *cochenille*, la *garance*, etc., etc.

TABAC.

En Algérie, de toutes les plantes commerciales, le

tabac est une de celles qui procurent les plus grands bénéfices aux colons éclairés et intelligents.

La culture de cette plante se divise en trois pé-riodes :

1° Le semis ;

2° La transplantation ou repiquage, y compris les soins de culture jusqu'à la récolte.

3° La récolte et la dessiccation.

La terre qu'il convient de choisir pour pépinière, doit être plutôt légère que forte, et les engrais doivent être bien consommés et pas trop abondants.

Dans les situations bien abritées, on peut semer dès le mois de novembre ; mais l'époque la plus ordinaire est le courant de janvier. On remarquera, du reste, que plus le sol de la pépinière est riche, et en général favorable à la végétation du tabac, plus on peut semer tard.

Dans les terrains siliceux, non irrigables, c'est vers la fin de mars qu'il faut commencer à repiquer le tabac, afin qu'il puisse profiter des dernières pluies du printemps.

Dans les terres fortes, irriguées, on ne doit planter le tabac que beaucoup plus tard, en avril et mai ; quelques-uns ne les plantent qu'en juin, même en juillet, mais le soleil et l'eau sont là pour leur donner force et qualité.

L'opération du repiquage doit se faire avec le plus

grand soin. Au préalable, on arrosera bien la pépinière, et les plants seront enlevés en mottes et transportés dans des corbeilles avec précaution, pour être mis en terre immédiatement. Si on avait de l'eau à proximité, un léger arrosement ferait grand bien.

Les pieds se placent de 40 à 50 centimètres de distance dans la ligne suivant la bonté du terrain, et les lignes s'espacent alternativement de 70 et 80 centimètres pour faciliter la circulation des ouvriers et empêcher qu'ils ne froissent les feuilles en passant.

Des sarclages et des binages sont nécessaires toutes les fois que les mauvaises herbes se montrent et que le sol se durcit. Un léger buttage, lorsque la plante a atteint de 20 à 25 centimètres de hauteur, est aussi une opération indispensable.

On procède ensuite à l'écimage, qui a pour but de réduire le nombre des feuilles, et de leur donner plus de développement. On la pratique, dès qu'on peut reconnaître et compter le nombre de feuilles qu'on veut conserver, c'est-à-dire de 15 à 20 pour les plantes très-vigoureuses, de 10 à 15 pour des plantes ordinaires.

Et encore, ce nombre de feuilles, qui était bon lorsque les produits algériens étaient tous achetés par la Régie, se trouve peut-être considérable, aujourd'hui que les planteurs doivent avoir recours au commerce pour écouler l'excédant de leurs récoltes. Il faut maintenant s'attacher à la qualité plus qu'à la quantité.

Lorsque plus tard, des rejets poussent à l'aisselle des feuilles, on doit attentivement les enlever aussitôt qu'ils auront quelques centimètres : alors toute la sève reflue dans les feuilles, et elles en sont mieux nourries et plus belles.

Il ne faut pas oublier d'arracher les feuilles du bas, dites terrières, qui sont sans valeur.

On reconnaît la maturité du tabac à l'odeur douce et pénétrante qu'il exhale, à ses feuilles marbrées de jaune, transparentes, inclinées vers la terre; il faut alors se hâter de le récolter; car si on attend trop, son parfum s'évapore, la feuille se dessèche et perd toute qualité.

La récolte se fait ordinairement dans la première quinzaine de juillet.

Lorsque la chaleur du jour commence à décroître, vers les 3 ou 4 heures de l'après-midi, on coupe, ras de terre, avec une faucille, les plantes que l'on veut récolter, et on les laisse naturellement se flétrir sur place jusqu'au soir; à ce moment, et lorsque les feuilles sont devenues parfaitement flexibles, on les transporte avec précaution, sur des civières, jusques au lieu qui doit servir de séchoir (1), on les dépose soi-

---

(1) Il faut que ces séchoirs soient aérés, mais que le tabac soit

gneusement sur un lit de paille par petits tas formés de 5 où 6 tiges au plus; dès le lendemain, ou surlendemain, on les suspend, pour éviter toute espèce de fermentation dont l'effet serait de rendre les feuilles brunes, d'absorber leur gomme, et de leur enlever leur souplesse naturelle.

Après la première coupe du tabac, une irrigation immédiate, suivie d'un binage est indispensable pour favoriser une seconde végétation. Si on retarde ce travail, la seconde coupe sera tardive, viendra au milieu des pluies et ne produira que du tabac sans force et sans valeur.

Il est des propriétaires qui proscrivent la seconde coupe comme épuisant inutilement la terre. Ils font alors dessoucher les plantations après la récolte.

Enfin, on opère le triage des feuilles, à mesure que la dessication semble achevée, ce qui se reconnaît, lorsque la côte est desséchée, et résiste sous la pression de l'ongle. A cet effet, on s'y prend le matin, parce que l'humidité de la nuit a assoupli les feuilles et permet de les manier sans les briser; pourtant,

---

parfaitement à l'abri des rayons du soleil. Les courants d'air doivent être ménagés de manière à ce que la dessication ne se fasse pas trop vite.

On suspend ordinairement le tabac à l'aide de petites chevilles plantées dans le tronc, à angle aigu avec la tige, ce qui forme crochets, et permet de les accrocher facilement aux cordes tendues pour les recevoir.

il faudrait s'abstenir, s'il y avait trop d'humidité dans l'air. On les sépare habituellement en trois qualités : celles de la cîme qui sont les meilleures, celles du milieu qui forment la seconde qualité, et celles du bas qui sont les moins bonnes.

Tout en triant les feuilles, on en forme des poignées, dites *manoques* présentant autant que possible même couleur, même longueur.

Ces manoques sont ensuite disposées en piles peu épaisses, dans les magasins, sans trop ni trop peu d'air, pour qu'elles achèvent doucement leur dessiccation, en attendant qu'on les mette en balles. Chaque jour, il est nécessaire de visiter les piles, pour vérifier si elles entrent en fermentation. Dans ce cas là, on déferait les piles ; on secouerait et aérerait les manoques, et on reformerait ensuite d'autres piles.

Les balles de tabac se font ordinairement du poids de 25 à 30 kilog. au moyen de caisses en bois, dans lesquelles on dispose les manoques par rangs réguliers, plaçant les pointes des feuilles au centre et les caboches au dehors. La caisse étant une fois remplie, on place sur le tabac un plateau qui s'encastre intérieurement et on le soumet à une forte pression ; puis on remplit encore et on presse de nouveau.

Enfin, on lie la balle au moyen de trois cordes qui ont au préalable été placées à distances égales dans la caisse, avant l'introduction des manoques.

Il importe que les balles soient tenues dans un lieu sec et à l'abri des influences extérieures, et posées sur des planches, ou des traverses, ou sur un lit de paille ;

Il y a plusieurs espèces et variétés de tabacs cultivées.

Les espèces Philippin et Chilly, qui ont des feuilles étroites et longues, sont celles préférées par l'administration.

Nous avons dit que la culture du tabac est une de celles qui procurent le plus de bénéfices au colon éclairé et intelligent. En effet, suivant le rapport officiel d'un agent supérieur de l'administration des tabacs, un hectare produit pour 2,200 fr. de tabac, en bonne qualité, et, déduction faite : 1° de 587 fr. pour mains d'œuvre ; 2° de 600 fr. pour imprévu il reste un bénéfice net de 1,013 francs.

Les tabacs algériens, disait une dépêche officielle, adressée en 1853, à Son Exc. M. le Ministre de la guerre, laissent déjà loin derrière eux ceux d'Egypte, de Macédoine, et de Grèce, auxquels ils avaient été d'abord assimilés ; les tabacs de Hongrie ont un goût moins agréable ; ceux du Kentucky ne sont ni plus fins, ni plus combustibles ; enfin, les tabacs du Maryland ont un défaut d'élasticité et un goût d'amertume qu'on ne saurait reprocher à ceux de l'Algérie.

En résumé, par suite des améliorations que les colons apportent nécessairement chaque année, dans la qualité de leurs tabacs, cette culture doit être une des plus fructueuses pour l'Algérie, qui bénéficiera alors des millions que nous payons aujourd'hui à l'étranger, pour compléter chaque année, les approvisionnements de la Régie.

COTON.

La production du coton est appelée à occuper une place importante parmi les cultures industrielles que l'Algérie comporte. On sait que les manufactures françaises emploient annuellement pour environ cent millions de francs de cette matière première, qu'elle est obligée d'acheter à l'étranger. Il y a donc, dans cette production du coton, en Algérie, un germe puissant d'activité agricole et industrielle, un aliment considérable pour nos manufactures et notre commerce, un précieux moyen de colonisation et de peuplement pour la colonie.

L'histoire nous apprend que la culture du coton n'est pas chose nouvelle en Afrique. Au Xe siècle du temps d'Ibn-Haoukal, il était cultivé à Carthage, Bas'ra, Fez, à Iobna (à 70 kil. sud de Sétif), à

El-msila (à 180 kilom. sud-est d'Alger), à Nekaous (à 62 kilom. sud de Sétif).

D'après l'Edrisi, on cultivait le coton au douzième siècle, au Maroc et en Tunisie.

Aux quinzième et seizième siècles, Léon parle des cotonnières de Salé, Larache (Maroc) et Nedromah à 15 kil. de Nemours.

Ainsi, pendant plus de six cents années, le coton a été cultivé dans le Tell comme dans le Sahara, de la Tunisie au Maroc. Quand les Français débarquèrent à Mostaganem, ils y trouvèrent encore de nombreux cotonniers. Cette importante culture n'avait disparu que par l'effet de cette politique brutale des états musulmans, qui, ne vivant qu'au jour le jour, pillent et détruisent sans se préoccuper des conséquences désastreuses de leur manière d'agir.

Le Gouvernement français, désireux de rendre à la culture des cotons, en Algérie, l'importance qu'elle y avait autrefois, n'a reculé devant aucun sacrifice.

En 1853, l'empereur Napoléon III prit cent mille francs sur sa cassette particulière, pour assurer, durant cinq années, un prix de vingt mille francs à l'exposant des meilleurs produits de coton algérien. Des récompenses provinciales ont été instituées pour ceux qui approchaient le plus près du but. Le Gouvernement a fourni les meilleures graines.

Ces encouragements ont produit un heureux résultat. En 1858, la culture du coton occupait déjà en Algérie 2,054 hectares, et l'exportation s'est élevée à 104,357 kilog.

Les deux sortes de coton, cultivées en Algérie, sont le coton Géorgie, longue soie, et le coton courte soie, dite Louisiane. Il résulte d'un rapport adressé à S. E. M. le Ministre de la guerre, par M. Cox, filateur, à Louvière-lès-Lille, que les cotons algériens, auxquels furent accordés les prix de l'Empereur en 1854, pouvaient soutenir la comparaison avec les types américains de premier ordre pour la longueur de la soie, la finesse du filament, et la valeur vénale du produit. C'est ainsi, que dès son début dans la culture du coton, l'Algérie s'est trouvée au premier rang : elle a atteint la supériorité des plus belles espèces des pays producteurs et de celles que la manufacture recherche le plus.

Le cotonnier aime une terre profonde, perméable, substantielle et friable. Les argilo-calcaires, qui forment la majorité de la croûte arable, en Algérie, se rapprochent le plus de cette combinaison. Les terrains glaiseux, froids, qui retiennent l'humidité, ne conviennent pas au cotonnier.

Pour les plantations de coton, il faut disposer de quelques moyens d'arrosage, parce que cette plante, dans le cours de sa végétation, a besoin de trois ou quatre irrigations.

Le terrain devra avoir été profondément labouré avant ou pendant l'hiver. Vers fin avril ou commencement de mai, quand sera venu le moment des semailles, on donnera le dernier labour, et on sèmera immédiatement derrière la charrue, dans la terre fraîchement remuée, et qui n'a pas reçu le hâle du soleil et du vent. Les rayons seront espacés de 1 mètre 20 centimètres à 1 mètre 50 centimètres suivant la fertilité du sol, et on placera les graines plusieurs à la fois à 25 centimètres de distance dans le rang, soit en potelets, comme pour des melons, soit tout simplement, comme on le ferait pour des haricots ou des pois. On aura soin de ne les enterrer que de un ou deux travers de doigts, parce qu'elles pourrissent facilement.

Dès que les plantes ont 0,^{m}15 à 0, 20 centimètres de hauteur, et même avant, on bine dans la ligne même, et on éclaircit de manière à ne laisser que deux plantes environ par mètre de longueur, les plus vigoureuses, de telle sorte qu'elles ne se gênent pas, parce que le coton a besoin de beaucoup d'air pour mûrir les gousses de ses branches latérales, qui portent toute la récolte.

Vers la fin de juin, on donne un nouveau binage, et avec le buttoir ou la charrue, on chausse les plantes.

En juillet, on écime, c'est-à-dire on retranche la

tête de la plante, et un mois plus tard, on pince les branches latérales pour favoriser la floraison et la fructification.

En août, on voit s'ouvrir les premières capsules. A partir de cette époque, il faut parcourir le champ de cotonniers tous les deux jours, après la rosée, afin de récolter le coton des capsules qui se sont ouvertes. La récolte dure ainsi pendant près de quatre mois.

Le coton, une fois cueilli, se place sur des claies au soleil ou sur les terrasses, pour en chasser toute humidité. On le rentre ensuite dans un endroit bien sec, jusqu'au moment de l'égrener et de le mettre en balles.

Telles sont les principales opérations de la culture du coton.

Ce n'est pas du premier coup, il importe de ne pas l'oublier, qu'on parvient à naturaliser et à asseoir une culture de cette importance. Les Américains, nos devanciers dans cette tâche difficile, ont lutté cinquante ans, avant d'atteindre le degré de prospérité auquel sont parvenues leurs cultures cotonnières. Grâce à l'expérience acquise chaque jour, grâce aux encouragements de l'Etat, les colons algériens trouvent aplanis devant eux une grande partie des obstacles que les Américains ont rencontrés à leur début, et qu'ils ont cependant surmontés à force d'énergie. Les planteurs algériens n'auront pas moins de volonté, car ils ont pour perspective, au bout de leurs efforts, la certitude du bien-être pour eux, de la prospérité pour la colonie, et d'un accroissement de richesses pour la mère-patrie.

NOPALE COCHENILLE.

La cochenille, insecte de la famille des Hémiptères, vit sur un cactus, appelé nopal, et fournit cette magnifique couleur rouge qui remplace la pourpre des anciens, et dont on forme le carmin, l'écarlate et le cramoisi.

La cochenille, originaire du Mexique, fut importée aux Canaries en 1831 seulement. La première année, la production de ces îles fut de 4 kilogrammes, et dix-neuf ans après, les Canaries exportaient, pendant les neuf premiers mois de l'année 1850, 233,374 kil. de cochenille, qui, au prix moyen de 15 francs le kilo, ont rapporté trois millons et demi.

L'Algérie doit, à raison de sa proximité de l'Europe, de la différence du frêt, faire une concurrence victorieuse, non-seulement au Mexique, mais aux Canaries elles-mêmes.

Le nopal végète parfaitement en Algérie. L'insecte s'y développe avec la même facilité et la même richesse de principes colorants que dans les pays les plus favorisés. Tous les rapports des commissions de savants et des chambres de commerce, auxquelles des échantillons de cochenille algérienne ont été soumis, sont unanimes sur ce point.

On admet que l'hectare de cochenille peut rapporter 2 à 3,000 francs par an.

Malgré l'espoir d'un rendement aussi fructueux, la culture de la cochenille n'a pas pris, jusqu'ici, grand développement, en Algérie ; et cela s'explique par la nécessité d'une avance de fonds assez considérables (3,000 fr. par hectare), ainsi que par des soins délicats et attentifs qu'on ne peut demander qu'aux forces de la famille.

La cochenille, pour ce double motif, ne pouvait être que difficilement une culture de la première heure de la colonisation ; on était trop incertain de l'avenir, trop pressé de faire de l'argent. Mais elle est destinée à devenir une des plus précieuses occupations de la seconde heure, en attachant les familles au sol, en utilisant tous les instants de loisir, tous les âges, la faiblesse des femmes et des enfants, comme la force des hommes ; en versant dans chaque ménage une richesse aussi facile qu'abondante et assurée, en retour des soins que chacun d'eux pourra lui donner.

L'intérêt de la France elle-même invite à quelques sacrifices. Tous les ans, elle importe pour deux à trois millions de francs de cochenilles, qu'elle demanderait en vain à son territoire continental. L'Algérie, au contraire, jouit d'un climat, d'un sol admirablement propres à cette culture. Souhaitons donc que les encouragements du Gouvernement continuent, que les essais persévérants des colons ne se rebutent pas, et la cochenille sera un jour une conquête définitive, c'est-à-dire une fortune nouvelle pour l'Algérie.

Parmi les substances tinctoriales que possède l'Algérie, nous remarquons l'indigo, la garance, le sumac. L'écorce de ce dernier arbre teint en rouge, et c'est avec elle que les habitants du Maroc colorent les cuirs, si universellement connus et appréciés sous le nom de marocains.

Parmi les autres substances tinctoriales que possède l'Algérie, nous citerons le henné, dont la racine sert pour composer un fard très-estimé en Orient; le safran, très-employé en peinture, en médecine, et dans l'économie domestique; le carthame, qui réussit parfaitement, et peut rivaliser avec celui de l'Égypte, de l'Italie et de l'Espagne; la noix de Galle, les lichens tinctoriaux, le pastel, la gaude, les écorces à tan, un grand nombre de plantes arborescentes ou fructescentes, et enfin une grande quantité de plantes herbacées.

DE LA VIGNE EN ALGÉRIE

La culture de la vigne, favorisée par la douceur du climat, par la nature du sol algérien, est appelée à prendre un développement réel et à doter la colonie d'une production dont l'écoulement est toujours sûr et les prix rémunérateurs. L'Algérie est sous le même climat que Madère, les Canaries, Chypre, l'Andalousie, et notre conviction est qu'on peut y faire des vins égaux aux meilleurs vins de l'Europe méridionale, et même de l'Europe centrale, ces derniers pouvant devenir le partage des localités montagneuses et élevées.

Les colons qui, par suite de leurs ressources trop limitées, ne peuvent pas se livrer à la plantation en grand de la vigne, doivent toujours avoir un certain nombre de ceps de vigne, afin de récolter des raisins au moins pour leur consommation (1).

(1) En 1859, la superficie plantée en vigne, ne s'élevait en Algérie, qu'à 4,674 hectares. En 1861, elle comprenait près de 6,000 hectares.

Dans beaucoup de plantations de vignes déjà faites en Algérie, on a imité ce qui se fait en Languedoc et en Provence, c'est-à-dire que l'on a planté la vigne assez écartée, pour qu'on puisse passer avec une charrue entre les pieds, et pour permettre d'y faire quelquefois d'autres cultures entre les lignes. Les lignes sont à 1 m. 50 de distance et les pieds sont espacés à 80 centim. ou 1 mètre au plus. Il faut toujours que le terrain soit bien défoncé et bien ameubli.

Pour planter une vigne, les crossettes ne sont pas indispensables ; on se sert habituellement de simples sarments bien mûrs, bien sains, et dont les yeux sont rapprochés. Ils manquent rarement avec un travail bien fait.

Les soins, pendant les deux ou trois premières années, consistent principalement en deux ou trois binages pendant le printemps et l'automne, et en un piochage à la fin de chaque hiver, après les grandes pluies et après la taille. La taille se fait très-court dans les commencements, mais il faut l'allonger beaucoup plus qü'en France, lorsque la vigne est en rapport.

En Algérie, dès la troisième année, le jeune plant est en rapport.

La nature des cépages algériens est très-variée. Les plus répandus chez les indigènes semblent être

le muscat d'Alexandrie, le raisin de Malaga et une
espèce de chasselas semblable au nôtre, mais à peau
plus épaisse et à grains plus gros. Les autres cépages cultivés par les Européens, sont tirés d'Espagne
ou proviennent en grande partie du Languedoc, de
la Bourgogne et du Roussillon.

MADEMOISELLE MARIE CHIRAT

Un fait inconnu jusqu'à ce jour dans les concours du labourage, se passa au mois d'août 1860, au comice agricole de Vaugueray (Rhône).

Une jeune fille, conduisant un attelage de deux bœufs, remarquables par leur très-bonne tenue, se présenta pour disputer le prix du labour. Tout d'abord, le jury hésitait à l'admettre, mais son air réservé et surtout les circonstances qui l'ont amenée à être un des laboureurs les plus habiles de sa commune, firent ouvrir pour elle les barrières du champ du labourage.

Mademoiselle Marie Chirat, âgée seulement de dix-neuf ans, avait perdu son père neuf mois auparavant, et sa mère était retenue au lit par une grave maladie. Quitter, au milieu du bail, le domaine dont le père était fermier, c'était la ruine de la famille. Marie Chirat s'armant alors d'un courage bien peu commun chez une jeune fille, annonça à sa mère qu'elle allait diriger elle-même l'exploitation. C'est ainsi qu'elle fit les semailles d'automne et celles du printemps, et c'est ainsi qu'elle devint, par suite de son dévouement à sa famille, le meilleur laboureur de la commune de Brindas.

Dix de ses compagnes l'accompagnaient au concours. Immédiatement après qu'on lui eut décerné la prime qu'elle avait méritée, elles lui présentèrent un bouquet; elles montèrent ensuite avec elle sur le char à bœufs qui les avait amenées, et la reconduisirent à sa mère, refusant, dans cette circonstance solennelle, de prendre part aux danses et aux autres plaisirs de la fête. Le récit du dévouement courageux, de la volonté, de l'énergie de mademoiselle Chirat, avait vivement impressionné la foule nombreuse qui se pressait au comice de Vaugueray. Quand la jeune fille se retira, chacun se découvrit sur son passage, lui donnant toute espèce de témoignages de respect et d'admiration.

LA BOUILLIE D'AVOINE

La bouillie d'avoine est prête ; venez, enfants, et mangez ; dites votre bénédicité, et faites bien attention à ne pas salir vos petites manches à la bassine, qui est noire de suie.

Mangez, enfants ! que Dieu bénisse votre nourriture ! Croissez et prospérez.

Voyez, votre père a semé les grains d'avoine ; sa main diligente les a répandus dans les sillons et a biné la terre au printemps ; mais leur croissance et leur maturité sont l'œuvre du père que vous avez dans le ciel!

Savez-vous, enfants, que dans la graine farineuse dort un germe frêle et tendre? Il ne bouge ni ne s'agite, il sommeille ! Il ne parle, il ne mange ni ne boit, jusqu'au moment où il est couché dans la terre fraîchement labourée ; mais alors, il trouve le sol si chaud, si humide, qu'il sort doucement de son sommeil, étend ses petits membres, et suce la substance du grain savoureux, comme le nourrisson suce la mamelle de sa mère. Seulement il ne pleure pas comme des enfants que je connais.

Avec le temps, il devient plus grand, plus beau, plus fort; il sort de ses langes; il étend ses racines au plus profond de la terre; il y cherche sa nourriture et la trouve. Puis la curiosité le prend ; il aimerait tant à savoir ce qui se passe là-haut ! Secrètement et avec crainte il regarde la surface de la terre. — Oh ! oh ! ceci lui plaît ! C'est alors que le bon Dieu envoie vers lui un ange qui lui apporte une goutte de rosée, et lui dit avec un doux sourire : — Dieu te bénit ! — Et le grain boit la rosée et elle lui semble bonne.

Pendant ce temps, le soleil s'apprête ; il descend derrière les montagnes et commence son travail.

Il parcourt son chemin, il s'élève dans la voûte azurée du ciel ; il regarde la terre comme une mère tendre regarde son enfant. Il sourit au petit grain, et celui-ci se sent joyeux jusqu'au plus profond de ses racines. — Si beau, pense-t-il en pensant au soleil, si beau, et pourtant si aimable et si bon !

Mais que fait donc le soleil avec les vapeurs célestes? il forme des nuages ; on sent déjà quelques gouttes de pluie, puis une légère ondée, enfin une averse abondante. Le petit grain se désaltère; puis une

brise vient tout sécher, et il se dit à lui-même : —
A aucun prix, je ne voudrais retourner sous terre.

Mais des temps bien durs attendent le petit grain;
jour et nuit, les nuages s'amoncellent, le soleil se ca-
che; il neige sur les montagnes, il grêle dans la
plaine! le pauvre grain frissonne et gémit. Le sol
s'est refermé, ce n'est qu'avec peine qu'il obtient sa
nourriture; il soupire et dit : Le soleil est-il mort,
ou craint-il ce froid si rude? Oh ! si j'étais resté tranquille et petit dans ma demeure farineuse, sous la
terre, où il faisait si doux et si chaud !

Et savez-vous, enfants, c'est ainsi que va toute
chose. Un jour, vous en direz autant, lorsque vous
sortirez de la maison, et que vous vous trouverez au
milieu de visages étrangers; qu'il vous faudra gagner
votre pain et vos habits. Alors, vous penserez en
vous-mêmes : — Ah! si j'étais près de ma mère,
derrière le poêle !

Mais que Dieu vous console. Votre douleur finira.
Tout ira mieux pour vous comme pour le petit grain.
Aux joyeux jours de mai, le vent souffle doucement,
et le soleil s'élève radieux au sommet de la monta-
gne ; il regarde le petit grain; il lui accorde un sourire ; ce sourire le soulage et il se gonfle de joie.

Les prairies deviennent éblouissantes de verdure
et de fleurs; le cerisier répand son parfum et le pru-
nier se couvre de feuilles; le froment et l'orge com-

mencent à épaissir. Alors, l'avoine se dit : — Il ne faut pas que je reste en retard. Et elle étend ses petites feuilles. — Qui donc les a tissées? La tige aussi s'élance de la terre. Qui donc l'a fait sortir anneau par anneau? Qui donc a conduit l'eau de ses racines à son sommet savoureux ?

Enfin, le petit grain est poussé; il se balance dans les airs. Personne ne peut-il me dire quelle main habile a suspendu ces boutons çà et là avec des fils de soie? Quelle main serait-ce, sinon celle des anges? Ils errent à travers les sillons: ils vont d'un plant à l'autre et créent laborieusement.

Fleurs sur fleurs sont attachées à la tige qui tremble, et l'avoine se tient là comme une fiancée qu'on mène à l'église; de petites graines encore cachées poussent en secret; l'avoine commence à pressentir ce qu'elle doit être un jour. Le hanneton vient lui rendre sa visite; il regarde et fait entendre son bruissement d'ailes; puis vient le ver-luisant, à neuf heures du soir, avec sa petite lanterne, alors que déjà les mouches sommeillent.

Pendant ce temps, la herse et la charrue ont passé sur les champs; on a cueilli les prunes, moissonné l'orge et le froment; les enfants des pauvres ont glané, pieds nus, à travers les sillons, et la petite souris a fait aussi sa récolte. Alors l'avoine commence à blanchir. Accablée de grains, elle s'est affaissée et a dit : — L'abondance m'est à charge ; je vois que mon temps est venu. Que fais-je seule ici, au milieu des carottes et des pommes de terre?

C'est alors que votre mère sort de la maison avec vos petites sœurs qui soufflent déjà dans leurs doigts le soir et le matin ; elles nous apportent l'avoine dans la grange, et nous la battons jusqu'à l'heure où rentre le bétail. Le meunier vient enfin avec son âne, l'emporte au moulin, nous la rend en farine, et votre mère la fait cuire avec le lait nouveau des jeunes vaches.

Enfants, vous trouvez la bouillie bonne! léchez vos cuillers, et dites vos *grâces*. Maintenant à l'école! Vous avez chacun votre sac pendu au mur. Surtout ne tombez pas en chemin ! Apprenez bien vos leçons, et quand vous reviendrez, vous trouverez des pommes cuites au four!

(Traduit de l'allemand.

DES ANIMAUX UTILES

Les animaux dont l'éducation est profitable au cultivateur, soit pour le travail, soit comme objet de consommation ou de commerce, soit comme producteur d'engrais, soit enfin comme base de quelque avantageuse industrie, sont, en Algérie : le bœuf, le cheval, l'âne, le mulet, le mouton, la chèvre, le chameau ; parmi les insectes : les abeilles, les vers-à-soie, etc.

Bœuf. L'animal le plus utile en agriculture est le bœuf. La vache, sa femelle, nous donne en abondance du lait, du beurre, du fromage. Le bœuf est le robuste et patient compagnon de nos travaux agricoles, et après avoir, pendant cinq ou six ans, fertilisé nos terres, en les retournant incessamment et les enrichissant de ses précieux engrais, il nous nourrit de sa chair. Sa peau fournit le cuir le plus épais et le plus employé. Il n'est pas jusqu'à son poil, appelé bourre, ses os, ses cornes, ses nerfs, ses intestins qui ne soient utilisés.

Les bœufs de l'Algérie ont des qualités précieuses : ils sont rustiques, agiles, sobres et dociles. On les emploie facilement à des travaux divers; aussi, qu'on les attelle par les cornes ou avec le collier, qu'on les fasse traîner ou porter, qu'on les mette par quatre, par deux ou par un, à la charrue ou au charriot, à une noria ou à un moulin, on trouve toujours chez eux bonne volonté et force remarquable, comparativement à leur grosseur. Le seul reproche qu'on puisse leur adresser, c'est de manquer de poids et de taille. Ce défaut disparaîtra peu à peu avec une meilleure nourriture, et cette race indigène, rustique, sobre et acclimatée, rendra toujours, en Algérie, plus de services que ne pourrait le faire une race quelconque étrangère.

Chaque colon devrait avoir au moins une vache; le lait, le fromage, les veaux qu'elle donne, sont autant de sources de bénéfices assurés.

Les vaches indigènes sont ordinairement assez mauvaises laitières. On a voulu y suppléer par des bêtes tirées de France, de la Suisse et de la Sardaigne; mais on a remarqué que l'entretien de celles-ci était très-coûteux, et que leur lait diminuait. C'est la race bretonne qui a le mieux réussi. Sa petite taille, sa rusticité et sa sobriété font qu'elle conserve, en Algérie, toutes les qualités qui la distinguent.

Cheval. Le cheval est le plus précieux de tous les animaux, comme bête de trait ou de charge.

Les chevaux arabes ont une réputation justement acquise. Ils sont doux, intelligents, obéissants et d'une allure agréable. A ces qualités essentielles, il faut joindre la sûreté du pied, la faculté de supporter facilement la fatigue et les longs jeûnes, la beauté des formes et de la robe, etc.

La campagne de Crimée a prouvé les excellentes qualités de la race chevaline algérienne, alors que les chevaux anglais et français succombaient par centaines, les arabes résistaient aux intempéries et aux privations les plus rigoureuses. A peine en perdit-on quelques-uns.

Il est prouvé que, pour longtemps encore, l'élève des grosses races chevalines est à peu près impossible en Algérie, et qu'il y a nécessité pour l'éleveur de s'en tenir actuellement à la production des races légères.

Le type du cheval léger est un des produits essentiels de l'Algérie; il s'y est créé, constitué, conservé, de manière à s'accommoder parfaitement du climat, de la nourriture.

Pour les chevaux de trait, au contraire, le climat n'est rien moins que favorable, sans compter que, par l'insuffisance de la production fourragère, les moyens manquent aux colons pour suffire à l'entretien long, coûteux et exigeant de ces sortes de races.

L'élève des chevaux, en Algérie, peut être à la fois une chose utile au pays et fructueuse pour ceux qui l'entreprennent.

On trouve chez les Arabes de bonnes juments qui, sans avoir des qualités très-remarquables, peuvent, avec des étalons bien choisis, donner de beaux produits. Un cultivateur soigneux peut arriver, en peu d'années, à obtenir des sujets distingués, dont la valeur récompensera largement la dépense.

Trois cent trente jours sont le terme moyen de la gestation.

Il faut surveiller la jument, quand arrive le moment du part, l'isoler et l'entourer d'une abondante litière. Si la mise-bas est laborieuse, lui donner du vin un peu chaud et sucré; après le part, de l'eau blanchie un peu chaude. Quand le poulain est né, on coupe le cordon ombilical à 6 ou 8 centimètres, on bouchonne la mère, et on aide le petit à prendre la mamelle. Trois jours après, la jument peut retourner aux champs suivie de son poulain, et, au bout de huit à dix jours, reprendre son travail ordinaire. Sa nourriture à l'étable doit alors être abondante.

Ane. L'âne est un animal précieux en Algérie, comme dans tous les pays de montagnes. Chez les indigènes, ils sont la monture du pauvre et des femmes, et servent surtout comme bêtes de somme.

Petite, mais bien faite et vigoureuse, la race des ânes algériens peut s'améliorer considérablement avec une bonne nourriture et de bons soins.

La régence de Tunis possède une race d'ânes très-belle, très-forte, très-grande, très-estimée pour la production des mulets. Il serait très-utile de l'introduire en Algérie.

Mulet. Le mulet est le produit de l'accouplement de l'âne avec la jument. Sobre comme le chameau, il supporte la faim, la soif, les privations avec une résignation courageuse. Il vit de peu, et n'est presque jamais malade. Robuste et vif, il a dans tout son être une force musculaire considérable.

Employés comme bêtes de somme, les mulets rendent les plus grands services en Algérie, pour les transports et le charroi du commerce et de l'armée.

L'élève et l'entretien du mulet ne diffèrent en rien de ceux du cheval.

Mouton. On donne, en général, le nom de bélier au mouton mâle entier, et celui de brebis à la femelle. On réserve spécialement le nom de mouton au bélier coupé.

Le mouton, qui nous habille de sa laine, nous nourrit de son lait, de sa chair, est donc un animal des plus utiles.

L'Algérie en possède d'innombrables troupeaux. Ils constituent la plus importante richesse des tribus pastorales, et fournissent le principal article d'exportation du pays, en même temps que la viande la plus estimée et la plus généralement consommée par les indigènes.

L'administration française s'est appliquée à régénérer la race ovine algérienne, qui a considérablement souffert par suite de l'incurie des Arabes. Chez eux, nul soin n'est apporté au choix des béliers, à la monte, à l'agnelage, à l'élève des jeunes bêtes, à l'entretien des animaux adultes; aussi chaque année, faute d'abri, les troupeaux sont-ils décimés par les grandes pluies d'automne et d'hiver.

On a constaté officiellement qu'il était mort en 1856, dans la province d'Alger, 87,290 bœufs, 510,063 moutons, 379,791 chèvres, 9,707 chameaux.

Dans la province d'Oran, 81,199 bœufs, 1,039,531 moutons, 501,826 chèvres, 7,044 chameaux.

Dans la province de Constantine, 116,284 bœufs, 1,725,493 moutons, 307,311 chèvres, 7,000 chameaux.

D'où provenait cette perte considérable, qui ne représente pas moins de 70 millions de francs? de l'imprévoyance et de l'incurie des Arabes.

Sous l'administration du maréchal Randon, les instructions les plus sages, les plus pratiques, relatives à l'élève des troupeaux, à leur entretien, ont été répandues et propagées dans toute l'Algérie. Des troupeaux modèles ont été rassemblés, des croisements couronnés de succès ont été faits avec des races étrangères, dont les habitudes rustiques se rapprochent de celles de la race algérienne. Bref, depuis dix ans, la qualité des laines algériennes a été considérablement améliorée.

C'est là un résultat à signaler; car l'espèce ovine est représentée, en Algérie, par des millions de têtes; et la France, chaque année, laisse, pour l'achat seulement des laines nécessaires à la consommation de son industrie, de 40 à 50 millions de francs sur les marchés étrangers.

Chèvre. Les chèvres sont très-nombreuses en Algérie, surtout aux environs des villes ; on les y mène chaque matin pour en vendre le lait, qu'on trait devant l'acheteur.

La chèvre est, de tous les animaux, celui qui, à nourriture égale, fournit le plus de lait. Les colons peuvent trouver grand avantage à avoir deux ou trois chèvres qui fourniront du lait, du fromage, des chevreaux pour la consommation de la famille ou pour la vente, et qui, parvenues à l'âge de six ou sept ans, seront engraissées, tuées et salées pour la nourriture de l'hiver.

Mais la chèvre présente un grave inconvénient : sa dent est mortelle pour toutes les plantations.

Il est donc du plus grand intérêt de ne pas la laisser vaguer dans les cultures ; elle y causerait les plus grands dommages.

Chameau. Le chameau est, pour l'Arabe du désert, un présent du ciel.

Cet animal, le plus sobre de tous, se nourrit des plantes les plus grossières, telles que chardons, raquettes de cactus et autres, qu'il ramasse tout en cheminant ; il peut rester huit jours sans boire ni manger ; il fait jusqu'à soixante kilomètres d'une seule traite, et avec trois cents et trois cent-cinquante kilog. de charge.

C'est en février et mars que ces animaux s'accouplent. La femelle met bas au printemps suivant. Son lait est excellent.

Le poil long qui garnit une partie du corps des

chameaux, sert, en mélange avec de la laine, à faire des cordes pour tentes, des tapis ; la chair des jeunes animaux est très-recherchée par les Arabes.

Abeilles. L'apiculture, c'est-à-dire l'élève des abeilles, cette branche intéressante et productive de l'agriculture, est généralement trop négligée et abandonnée. Une statistique approximative a évalué le produit possible de la culture des abeilles, pour la France, à la somme de 130 millions par an ; or, il n'est que de 15 millions environ. Quelle somme énorme perdue, qui, répartie entre les agriculteurs, répandrait l'aisance dans leurs familles.

L'apiculture est également totalement négligée en Algérie par nos colons; et cependant sous un climat aussi doux, avec une flore si nombreuse et si variée, les abeilles ne peuvent que prospérer.

Du temps de la domination turque, l'Algérie exportait annuellement pour près de 200,000 de francs de cire.

Aujourd'hui encore, ce sont principalement les Kebaïles qui s'occupent de l'éducation des abeilles.

Nous engageons fort les colons à suivre leur exemple. L'heureux climat de l'Algérie invite naturellement à une culture qui peut rapporter des profits faciles et réels.

Nous empruntons au journal l'*Apiculteur* les dix préceptes suivants :

Les abeilles, tu soigneras,
Toujours avec entendement.

La routine abandonneras
Pour agir méthodiquement.

Les essaims tu surveilleras,
Parce qu'ils s'en vont lestement.

Tous les petits, tu marieras
Pour les conserver sûrement.

Les faibles, tu nourriras
Quand ils manqueront d'aliments.

Leur logement tu construiras
Toujours économiquement.

Du froid, tu les préserveras,
De la chaleur également.

Les abeilles transvaseras,
Pour les dépouiller aisément.

Jamais tu n'en étoufferas ; (1)
C'est agir sans raisonnement.

Cire et miel tu recueilleras
En les récoltant prudemment.

(1) Les indigènes, pour récolter le miel ou la cire, ne connaissent d'autres moyen que d'étouffer les abeilles.

Ver à soie. L'Algérie, par l'appropriation de son climat et de son sol au parfait développement du mûrier, et à l'élève des vers à soie, paraît appelée à devenir le foyer principal de la production de la soie, et à résoudre ce problème de production première, à bon marché, qui mettrait l'usage des vêtements de soie à portée de toutes les fortunes.

Mais, jusqu'ici, cette riche branche d'exportation n'a pas atteint le développement qu'on devait espérer. Cet état de choses, si peu en rapport avec l'étendue des plantations de mûriers, doit être attribué aux considérations suivantes : 1° à l'inexpérience des éducateurs qui, généralement, ne connaissent pas la manière d'élever le ver à soie ; 2° au défaut de bâtiments destinés à cet usage ; 3° au manque de matériel nécessaire ; 4° à la rareté de la main-d'œuvre, qui, au moment de l'éducation, est employée aux cultures industrielles.

Toutes ces causes, qui arrêtent la progression de l'industrie séricicole, tendent nécessairement à disparaître avec le temps et le travail, et la qualité supérieure des soies algériennes, déjà livrées à la consommation, permet de prévoir le jour où l'Algérie prendra un rang distingué dans ce groupe de nations distribuées autour du bassin de la Méditerranée, qui doivent au ver à soie une grande part de leurs richesses

Une ferme sans bétail est une cloche sans batail, et le fermier travaillera tout son saoûl, sans faire sonner les cent sous.

Le bon nourrisseur vaut le bon laboureur.

Sans bétail, on ne fait rien qui vaille, on n'a ni grain, ni foin, ni paille.

Point de fumier sans bétail, point de grains sans fumier. A petit fumier, petit grenier.

Le pré donne le foin, le foin nourrit le bétail, le bétail fait le umier et le fumier produit le grain.

J. BUJAULT.

LE TRAVAIL

Le travail est le lot de chacun sur la terre. Marchand ou fabricant, soldat laboureur ou artisan, nous devons tous travailler. Il n'y a point de profit sans peines; pour gagner, il faut travailler.

Ne croyez jamais que le bien vienne en dormant, et qu'on gagne quelque chose à rester les bras croisés.

— Mon ami, dis-moi combien tu travailles, et je te dirai combien tu 'gagnes. Si tu ne te fatigues pas à travailler, tu ne te fatigueras pas à ramasser ton argent. —

La misère regarde à la porte du travailleur, et n'entre pas. Mais elle entre chez le fainéant, s'assied à son foyer, et les voilà qui se peignent comme chats qui se battent.

Le travail paie les dettes, la fainéantise les fait.

Un champ ne rapporte rien quand il n'a pas été arrosé de la sueur de celui qui le cultive.

Deux hommes semèrent une graine :

L'un se contenta de la jeter sur la terre, puis il attendit que la pluie, que la rosée et le soleil l'eussent fait croître.

L'autre commença par labourer profondément, puis il sema la graine; puis, quand elle fut levée, il l'arrosa soigneusement, puis il arracha les mauvaises herbes, il sarcla et bina la terre.

Or, il arriva que la graine semée par le premier, leva mal, et qu'ensuite elle fut brûlée du soleil et étouffée par les mauvaises herbes.

Au contraire, la semence du second poussa en jets vigoureux, la plante grandit ; elle se leva florissante et couverte de feuillages, puis en automne, elle donna ses fruits en abondance.

Telle est la différence de l'oisiveté et du travail.

L'oisiveté et la paresse rendent tout stérile ; le travail produit et féconde.

J'ai passé dans le champ de l'homme paresseux, il était rempli de ronces et couvert d'épines, et les murs s'écroulaient. Ce spectacle est resté gravé dans mon souvenir, et je me suis dit : on croise les bras, on se repose, et pendant ce temps, la pauvreté arrive comme un éclair ; l'indigence accourt et vous saisit.

O paresseux, regarde la fourmi, examine ses travaux, et apprends la sagesse.

Qui compte sur l'espérance mourra de faim. C'est sur ses bras que chacun doit compter.

LE LABOUREUR RELIGIEUX

Le soir d'un beau jour d'été, fatigué de la chaleur, je sortis pour aller respirer le frais : le soleil tout en feu quittait l'horizon, et les ombres, descendant des montagnes, s'étendaient déjà dans la plaine.

Bientôt, je perdis de vue le hameau que j'habite. Les bergers ramenaient de tous côtés leurs troupeaux nombreux ; les bœufs revenaient du labour à pas tardifs, et les derniers bruits mourants du village parvenaient à peine jusqu'à mes oreilles. Insensiblement, je m'éloignai dans la campagne, et je prolongeai ainsi ma promenade, sans m'apercevoir que la nuit régnait déjà depuis longtemps !

L'air était pur, le ciel n'était obscurci d'aucun nuage, de brillantes étoiles embellissaient sa voûte d'azur, un beau clair de lune, partout répandu, donnait aux objets champêtres un charme nouveau.

Tout reposait dans la nature.

Ce calme universel, ce vaste silence, cette riche campagne, éclairée par les rayons argentés du flambeau de la nuit, tout avait pénétré mon âme d'une douce mélancolie.

Tout à coup le son d'une voix humaine vint frapper mon oreille. Cette voix me paraissant peu éloignée, j'écartai sans bruit les branches épaisses d'un bosquet voisin, et je pus entrevoir, non loin de moi, un homme d'un grand âge.

Sa tête presque chauve, son visage noble et serein, sa barbe ondoyante et blanchie par ses longues années, imprimaient un saint respect. Il était à genoux sous un chêne, dont le tronc, vaincu du temps, produisait encore des jets vigoureux. Les yeux élevés vers le ciel, il parlait. J'écoutais en silence, et j'entendis cette prière touchante qui partait d'un cœur tout plein de la divinité qu'il invoquait.

« O toi, dont la nature entière manifeste avec tant de grandeur le pouvoir infini, père des hommes! du haut du trône sublime qu'environnent des chœurs innombrables d'esprits purs, qui vivent de ton amour, qui brûlent de tes feux, et célèbrent sans cesse sur des harpes ravissantes tes louanges divines, daigne un moment écouter un faible mortel, et recevoir son hommage.

» L'univers, grand Dieu, est ton temple! éclairés le jour, par le soleil éblouissant, et parsemés pendant la nuit d'étoiles étincelantes qui forment ta couronne, les cieux immenses sont la voûte de ce temple magnifique, et l'homme pur est le prêtre.

» Oh! qui pourrait méconnaître cette sagesse visible, universelle, qui gouverne le monde avec tant d'éclat! Comment, à l'aspect de ces globes rayonnants, qui roulent au-dessus des nues, de ces mers profondes qui embrassent la terre et rapprochent les nations, de ces trésors répandus avec tant de profusion sur sa surface et dans ses entrailles ; comment donc, environné de tant de merveilles, en oublier l'auteur ?

» Je te bénis, Dieu suprême, de m'avoir fait naître dans les champs, loin des cités corrompues, et d'avoir éloigné de mon cœur l'orgueil et l'ambition ; grâces à ta bonté paternelle, je jouis, depuis un siècle, des seuls vrais biens de la vie, la paix de l'âme, et l'heureuse médiocrité.

» Jamais tu n'as cessé de me prodiguer les dons de ton amour; mes derniers jours encore sont tous marqués par tes bienfaits ; d'abondantes moissons remplissent mes greniers; tu arroses mes prairies, tu donnes la fécondité à mes troupeaux, tu fertilises mes vignobles, ta main couvre mes arbustes de fleurs et de fruits...

» Pour comble de félicité, tu m'as conservé ma douce

compagne et nos chers enfants, dont la tendresse fait le charme de nos vieux jours; mon Dieu, je n'ai plus rien à désirer que de mourir avant eux.

» Je le sens, je touche au terme de ma carrière : bientôt je vais mêler ma cendre à celle de mes pères ; quand on m'aura descendu dans leur tombeau, protecteur de ma longue vie, je te recommande mes enfants; prends pitié de leur vieille mère; veille du haut des cieux sur des têtes si chères, ô mon Dieu ! ne les abandonne jamais! »

En achevant ces mots, les yeux du vieillard vénérable s'emplirent de larmes. Puis, il se leva, et d'un pas tranquille, se retira dans sa demeure.

Cependant, l'aurore éclatante commençait à colorer les cieux, les oiseaux, voltigeant dans les arbres touffus, faisaient entendre leurs premiers gazouillements; déjà, les lapins, s'élançant de leurs terriers, couraient dans la vaste plaine blanchie par la rosée, et broutaient le serpolet, tandis que le renard glapissant, poursuivait dans le bois le lièvre épouvanté.

Déjà le laboureur matinal attelait à la charrue ses bœufs mugissants; déjà les brebis s'échappant en foule de l'étable, se répandaient en bêlant dans la campagne, suivies des chiens qui aboyaient et des bergers qui répétaient des airs rustiques : toute la nature enfin semblait se réveiller, aux premiers feux du soleil levant, pour chanter les louanges du Créateur. L'âme émue et ravie de ce que je voyais, de ce que je venais d'entendre, je me levai, et regagnai à pas lents mon asile champêtre.

ORAISON FUNÈBRE D'UN LABOUREUR

Me trouvant, il y a quelques jours, dans un village, je fus très-étonné de voir tous les habitants, les yeux baignés de larmes, l'air triste et consterné, entrer silencieusement dans l'Eglise. Poussé par la curiosité, je les suivis, et au milieu du temple tendu entièrement de noir, je vis un cercueil. Quand tous les assistants furent placés, le curé du village monta en chaire, et prononça cette courte oraison funèbre :

« Mes chers amis, l'homme étendu dans le cercueil que vous accompagnez tous de vos larmes et de vos regrets, n'était rien moins que riche, et cependant il a été pendant près de quatre-vingt-dix années, le bienfaiteur de ses semblables : il était fils d'un laboureur; dans sa plus tendre jeunesse, ses faibles mains s'essayèrent à conduire la charrue; ses jambes n'eurent pas plutôt acquis la force nécessaire, qu'on le vit suivre son père dans les sillons qu'il tra-

çait. Aussitôt que son corps eût pris son développement, et qu'il pût se flatter d'être assez instruit, il se
chargea du travail de son père, afin que celui-ci se
reposât.

» Depuis ce jour, le soleil l'a toujours trouvé dans
la campagne, occupé à labourer, ou à semer, ou à
planter, défrichant les terrains les plus ingrats qui
paraissaient voués à la stérilité et qui rapportent
maintenant; et qui, sans lui, continueront doréna-
vant de rapporter, parce qu'il les a mis en valeur.
C'est lui qui a planté la vigne qui fait la richesse du
canton; c'est lui qui a planté ces arbres fruitiers qui
ornent nos jardins. Ce ne fut pas par avarice qu'il fut
infatigable : ce n'était pas pour lui seul qu'il semait,
qu'il récoltait ; c'était non-seulement par amour du
travail, mais aussi très-souvent pour obliger les
hommes, même ceux qui le désobligeaient. Il avait
deux principes, dont il ne se départit jamais ; le premier, — que l'homme est fait pour travailler; le
second, — que Dieu bénit 1 travail de l'homme,
ne fût-ce que par l'intérieure satisfaction qu'il emporte avec lui. Il se maria vers la fin du printemps
de son âge; il eut une femme qu'il aima plus que
lui-même, des enfants qu'il chérit autant que son
épouse; il les éleva au travail et à la vertu, et eut
soin, à mesure qu'ils sortaient de l'adolescence, de
les marier à des femmes honnêtes et laborieuses, et

c'était lui, qui, la joie peinte sur le front, les condui-
sait aux pieds des autels.

» Tous ses petit-fils ont été élevés sur les genoux
de leur grand-père; et vous savez, mes chers amis,
qu'il n'en est aucun d'eux qui ne donne les plus belles espérances. Les jours de réjouissance, il était le
premier à faire annoncer le moment des divertisse-
ments, et sa voix, ses gestes, ses regards respiraient
et inspiraient la gaieté. Vous vous souvenez tous de
sa candeur, du bon sens et du jugement qui caracté-
risaient ses propos; il aimait naturellement l'ordre; il
ne refusait ses services à personne; il s'affectait vivement des calamités publiques, des malheurs parti-
culiers; il aimait sa patrie, et son cœur ne cessait de
faire des souhaits pour sa prospérité. Il méprisait
les méchants, mais vivait avec eux comme s'ils eussent été gens de bien. Il était l'arbitre des honnêtes
gens, et sa probité ne fut jamais soupçonnée même
par ceux qu'il condamnait. C'est ainsi, qu'honoré,
respecté de tous, il parvint à ce grand âge. La veille
de sa mort, il rassembla toute sa famille, et lui dit :
« Mes enfants, je vais rejoindre bientôt celui qui est
» la source de tout bien : je me suis toujours efforcé
» de remplir ma vie suivant la voix de ma conscience.
» aussi, ne me pleurez pas, je meurs sans chagrins
» et sans regrets. »

« Mes chers amis, mes enfants, dit le curé en terminant son oraison funèbre, avant de confier à la terre la dépouille mortelle de l'homme qui fut si longtemps l'objet de votre juste vénération, unissons-nous tous dans une prière commune, et bénissons le Dieu de justice qui réserve dans l'autre vie une couronne immortelle et impérissable, des jouissances ineffables à l'homme de bien dont la vie a été un perpétuel enseignement de vertu et de travail pour ses semblables. »

Alors, le curé descendant de chaire, souleva le drap du cercueil et prit une des mains froides du cadavre. Cette main large et musculeuse avait dû être invulnérable à la pointe des ronces ou au tranchant du caillou. Le ministre de Dieu la baisa respectueusement, et tout le monde en fit autant. Puis, le cercueil recouvert, fut porté à sa dernière demeure, et l'on plaça sur la tombe du vieux laboureur une bêche, un soc et un plantoir.

TABLE DES MATIERES

FIN DE LA TABLE.

VERSAILLES.— IMPRIMERIE CERF, RUE DU PLESSIS, 59.

www.ingramcontent.com/pod-product-compliance
Ingram Content Group UK Ltd.
Pitfield, Milton Keynes, MK11 3LW, UK
UKHW031849170726
13836UKWH00004B/1977